Inhaltsverzeichnis

W0214946

Inhaltsverzeichnis

Autoren: Mona Bekhiet, Wiebke Jeschkies, Katrin Schoener, Lena Schmid

navi

Mathematik 2
Arbeitsheft

1. Auflage

Bestellnummer 90412

Bildungsverlag EINS

Haben Sie Anregungen oder Kritikpunkte zu diesem Produkt?
Dann senden Sie uns eine E-Mail an 90412@bv-1.de
Autoren und Verlag freuen sich auf Ihre Rückmeldung.

Illustration
simulator design, Mainz

Umschlagfoto
plainpicture

www.bildungsverlag1.de

Bildungsverlag EINS GmbH
Sieglarer Straße 2, 53842 Troisdorf

ISBN 978-3-427-**90412**-0

Hinweise zur Arbeit mit dem Arbeitsheft

Der Schwerpunkt des Schülerbuches „navi Mathematik“ liegt in der Gestaltung möglichst lebensnaher und subjektiv bedeutsamer Alltagssituationen für Kinder, in denen mathematische Strukturen und Gesetzmäßigkeiten erkannt werden. Dabei steht die Lösung eines Alltagsproblems, z. B.: „Wie kann ich herausfinden, wie groß ich genau bin?“ oder „Was kann ich alles für 1 € kaufen?“ vor der Fachsystematik von Rechenstrategien. Mathematische Kompetenz begrenzt sich eben nicht auf die Kenntnisse mathematischer Sätze und Regeln und in der Beherrschung mathematischer Verfahren. Dennoch ist ihrer Automatisierung großer Raum einzuräumen.

Zum sinnvollen Üben finden sich in diesem Arbeitsheft zahlreiche Ideen und Anregungen.

Die Automatisierung der Grundaufgaben der vier Grundrechenarten erleichtert die Lösung weiterführender Aufgaben. Dabei muss aber gewährleistet sein, dass das Ergebnis einer Grundaufgabe durch das Grundverständnis der Rechenoperation selbst wieder erarbeitet werden kann. Das heißt, selbst wenn einem Schüler das gedächtnismäßige Abrufen einer Grundaufgabe wie 5 × 7 nicht sofort möglich ist, sollte er über Lösungswege verfügen, sich diese Aufgabe durch Rückgriff auf andere Lösungsstrategien, z.B. Additions-, Verdopplungs-, Kommunikativstrategien zu erschließen.

Die in diesem Arbeitsheft angebotenen Übungsformen, die in der Fachliteratur mit dem Begriff „operatives Üben“ beschrieben werden, setzen die erlernten Strategien in immer wieder leicht veränderten Aufgabenstellungen und/oder auch mit verwandten oder auch gegensätzlichen Operationen in Beziehung.

Komplexere Aufgabenstellungen werden im Arbeitsheft zur besseren Handhabung durch unterschiedliche Symbole (Sonne, Mond, Stern, Blitz, Wolke, Regen) untergliedert.

Da alle Schüler ganz unterschiedliche Lernvoraussetzungen mitbringen, werden einige Übungsangebote nach ihrem Schwierigkeitsgrad differenziert angeboten. Es werden (maximal) drei Niveaus einer Aufgabenstellung unterschieden:

1. gelb: Basisaufgabe, die als Minimalanforderung nach Möglichkeit von allen Schülern zu erfüllen ist
2. orange: Aufgaben mit höherem Schwierigkeitsgrad
3. rot: Aufgaben mit höchstem Schwierigkeitsgrad

Ein Großteil der angebotenen Übungsaufgaben jedoch nutzt das Prinzip der „natürlichen Differenzierung“. Diese Aufgaben sind so formuliert, dass sie über mehrere Lösungswege, d.h. auch mit einfachsten Strategien (z. B. Zuordnungs-, Abzähl-, Schätz-, Rechenstrategien) gelöst werden können.

Mit den Händen kann man rechnen

2 + 3
3 + 2

1 + 4
4 + 1

0 + 5
5 + 0

7 + 3
3 + 7

1 + 9
9 + 1

5 + 5
5 + 5

0 + 10
10 + 0

1. Verbinde Aufgaben und Bilder, die zusammengehören.

Mit den Händen kann man rechnen

1. So haben die Kinder gerechnet. Welche Karte haben sie in der Hand?

2. Wie viele Finger sind unter dem Tuch? Was hast du gerechnet?

Mit den Händen kann man rechnen

Wie viele Finger sind bei Serkan nicht zu sehen?

Wie viele Finger sind bei Boris nicht zu sehen?

Wie viele Fingernägel muss Laura noch lackieren?

Wie viele Fußnägel muss Lisa noch lackieren?

1. Schreibe deine Rechnung auf.
2. Erkläre: Was bedeutet dein Ergebnis?

Immer 2

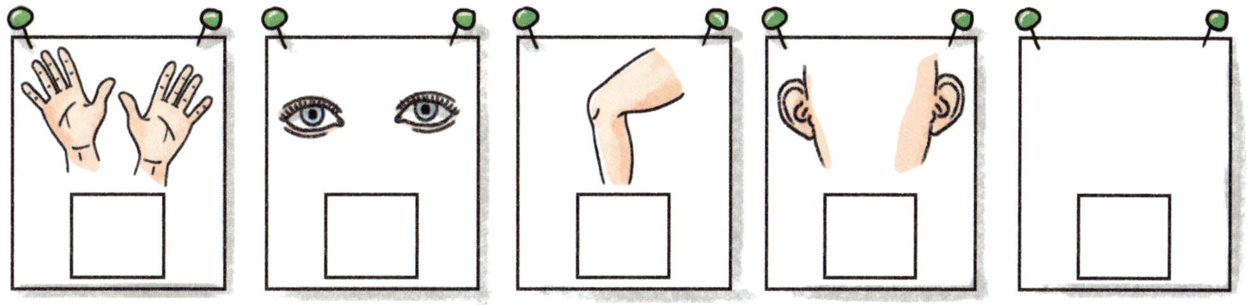

1. Zähle in 2er-Schritten und schreibe die Anzahl auf.

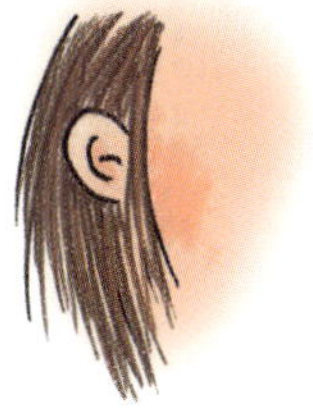

Mädchenohren

____

blaue Schuhe

____

Ohrringe

____

Jungenaugen

____

2. Zähle in 2er-Schritten.

Größer und kleiner

Peter ist ______________ als Boris.

Boris ist ______________ als Peter.

Irina ist ______________ als Ulla.

Ulla ist ______________ als Irina.

Lisa ist ______________ als Simon.

Simon ist ______________ als Lisa.

Serkan ist ______________ als Laura.

Laura ist ______________ als Serkan.

1. Schreibe größer oder kleiner.

Der Größe nach

1. Klebe oben die Kinder der Größe nach auf.

Fatos ist ______________ als Ulla.

Peter ist ______________ als Serkan.

Irina ist ______________ als Lisa.

Lisa ist ______________ als Fatos.

Ulla ist ______________ als Irina.

2. Schreibe 

oder 

.

3. In meiner Klasse:

Ich bin ______________ als ______________.

______________ ist größer als ______________.

______________ ist kleiner als ______________.

Mit dem Körper messen

Wie viele Schritte ist das Klassenzimmer lang?

Wie viele Fingerspannen ist der Tisch lang?

Wie viele Fingerspannen ist das Heft lang?

Mit dem Maßband messen

0 | 5 | 10 | 15 | 20

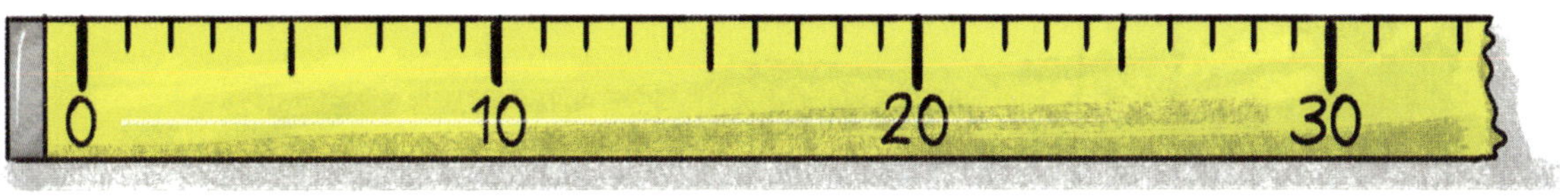

22 | 25 | 28 | 35 | 38

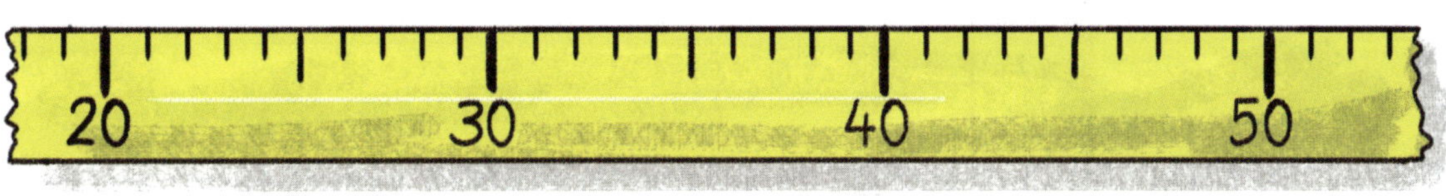

100 | 110 | 115 | 120 | 123

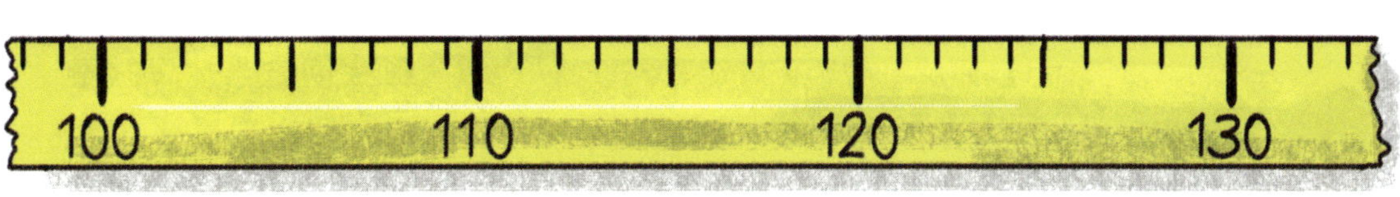

1. Wo findest du die Angaben auf dem Maßband? Verbinde.

Mit dem Maßband messen

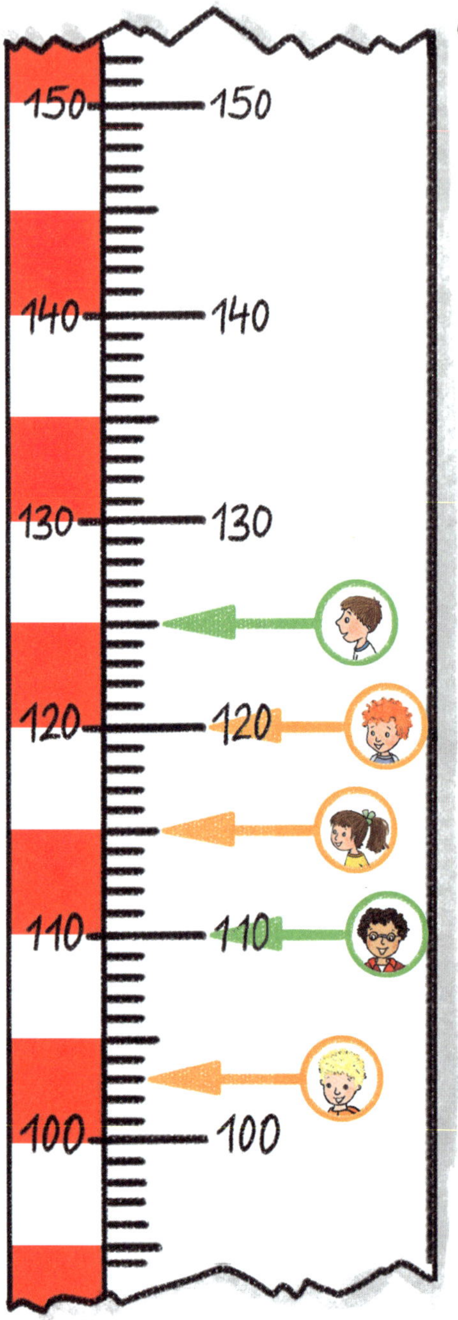

So groß sind wir:

Tom	1, ______	m
Boris	1, ______	m
Irina	______ , ______	m
Laura	______ , ______	m
Serkan	______ , ______	m

1. Trage die Größe der Kinder ein.

Spiegelgleich

1. Welche Bilder kann man spiegeln? Probiere mit dem Spiegel aus.

2. Zeichne bei den spiegelgleichen Bildern eine rote Spiegellinie ein.
3. Schreibe auf, wie viele spiegelgleiche Bilder du gefunden hast:

Körperteile ________ Obst ________ Pflanzen ________

Spiegelbild

1. Peter und Lisa schauen in den Spiegel. Welches Spiegelbild passt?

2. Welche Kinder spiegeln sich gegenseitig? Verbinde.

Spiegelgleich

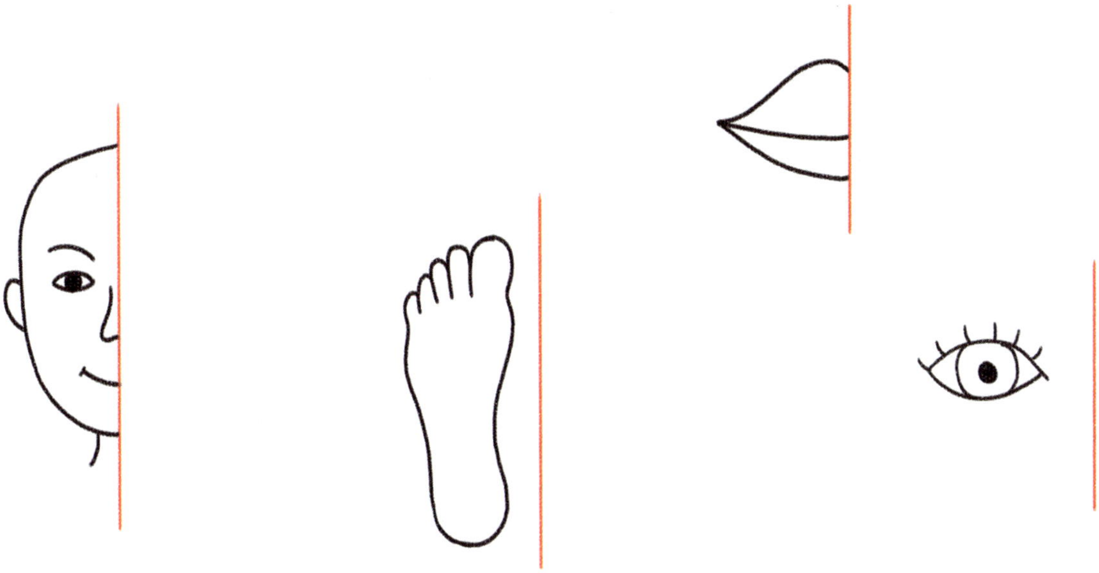

1. Zeichne die Bilder fertig.

T H O U S

3 5 7 8 0

A F M B W

2. Kreise die Zahlen und Buchstaben ein, die du spiegeln kannst.

Die Uhr lesen

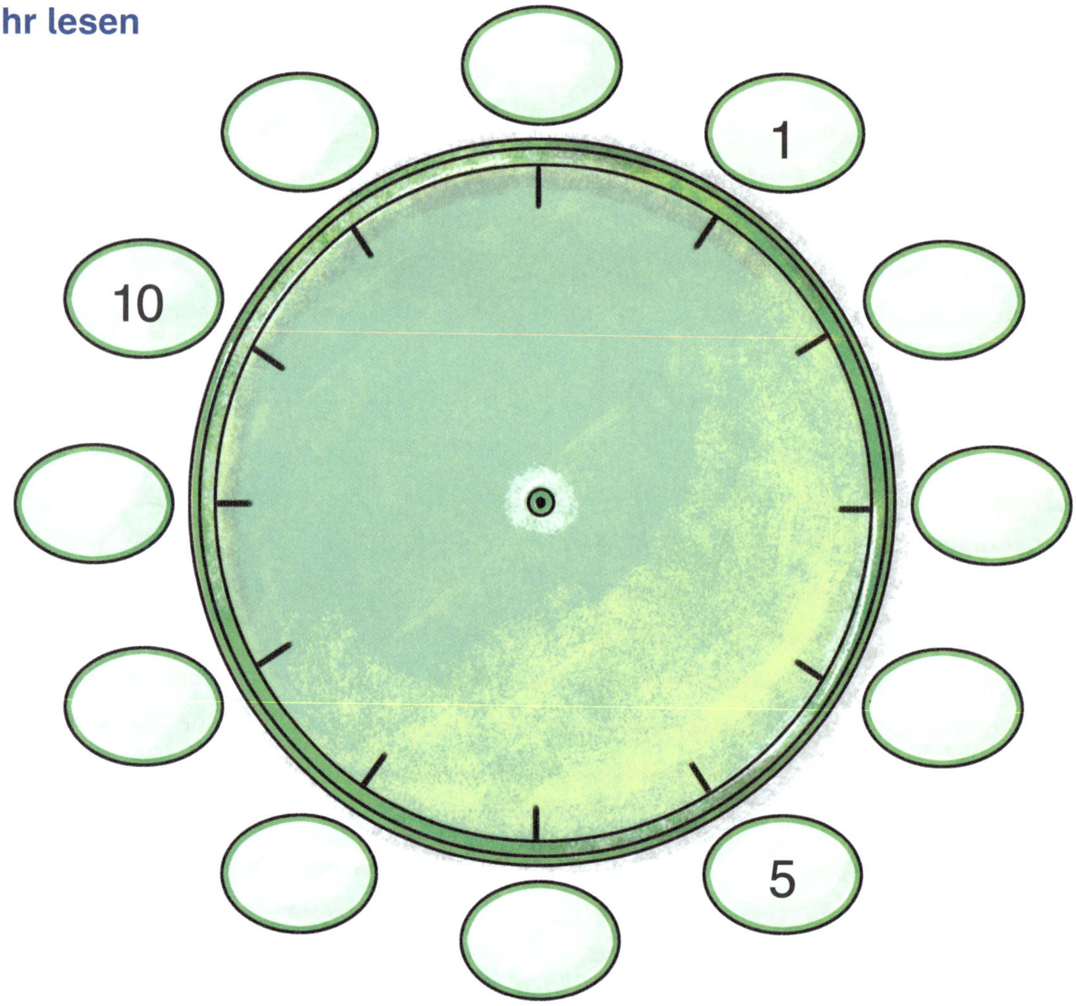

1. Trage die fehlenden Zahlen ein.

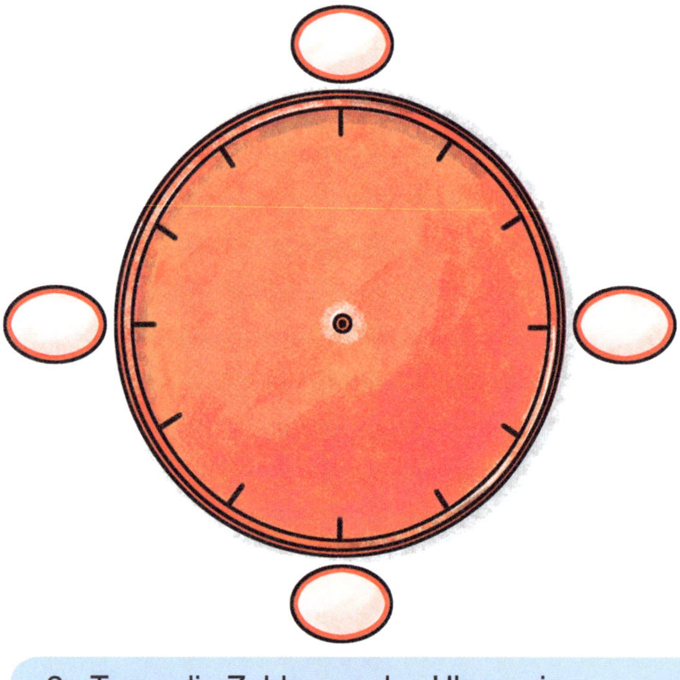

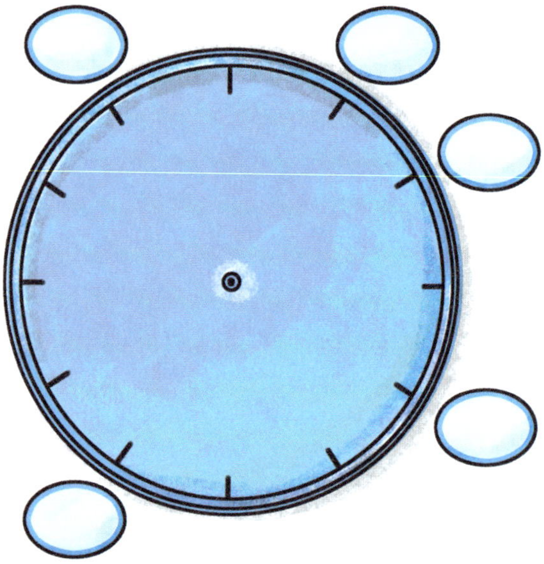

2. Trage die Zahlen an den Uhren ein.

Uhrzeiten einstellen

7 Uhr

3 Uhr

8 Uhr

4 Uhr

6 Uhr

10 Uhr

12 Uhr

2 Uhr

5 Uhr

11 Uhr

1 Uhr

9 Uhr

1. Male den Stundenzeiger rot in die Uhren.
2. *Es ist 9 Uhr.* 2 Stunden später ist es ______ Uhr. 2 Stunden früher ist es ______ Uhr.
3. *Es ist 2 Uhr.* 3 Stunden später ist es ______ Uhr. 3 Stunden früher ist es ______ Uhr.

Ein ganzer Tag hat 24 Stunden

Der Stundenzeiger bewegt sich jeden Tag zwei Mal im Kreis.
Sein Weg beginnt um Mitternacht.

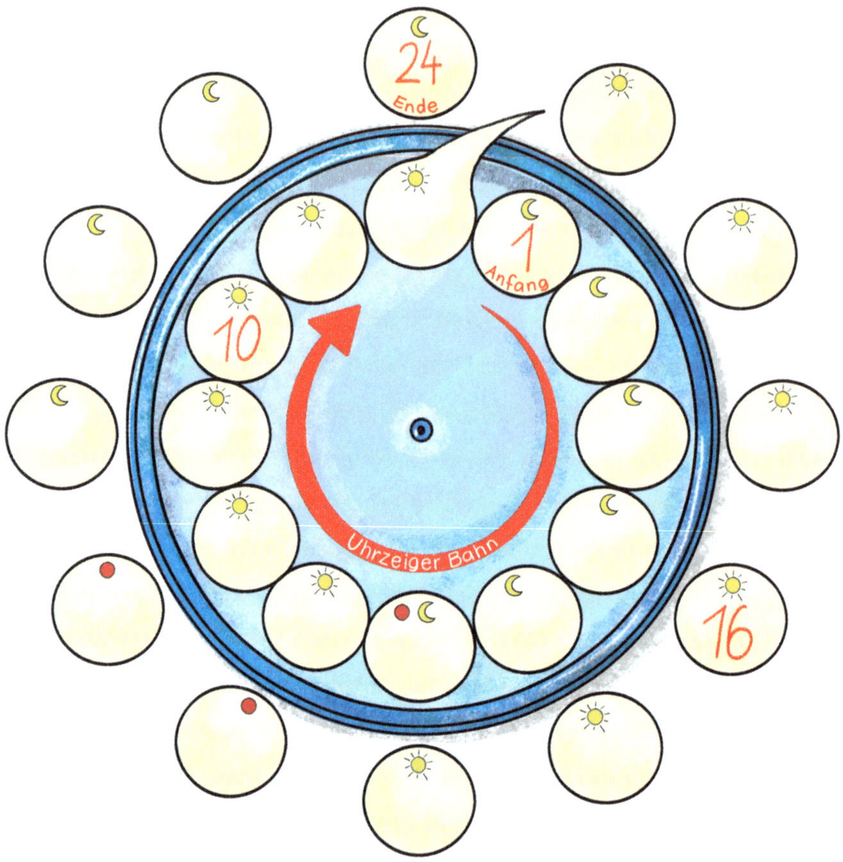

1. Trage die fehlenden Zahlen ein.

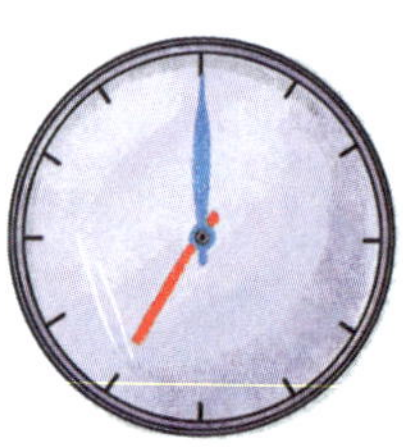
7 Uhr morgens

___ Uhr mittags

___ Uhr nachmittags

___ Uhr nachts

___ Uhr morgens

___ Uhr vormittags

___ Uhr mittags

___ Uhr nachmittags

2. Lies die Uhrzeit und schreibe sie auf.

Welche Uhrzeit passt zu welcher Tageszeit?

Es ist ______ Uhr
nachmittags
Oder: Es ist ______ Uhr
nachts

Es ist ______ Uhr
früh morgens
Oder: Es ist ______ Uhr
abends

Es ist ______ Uhr
früh vormittags
Oder: Es ist ______ Uhr
nachts

Es ist ______ Uhr
Oder: Es ist ______ Uhr

Es ist ______ Uhr
Oder: Es ist ______ Uhr

Es ist ______ Uhr
Oder: Es ist ______ Uhr

Es ist ______ Uhr
Oder: Es ist ______ Uhr

Es ist ______ Uhr
Oder: Es ist ______ Uhr

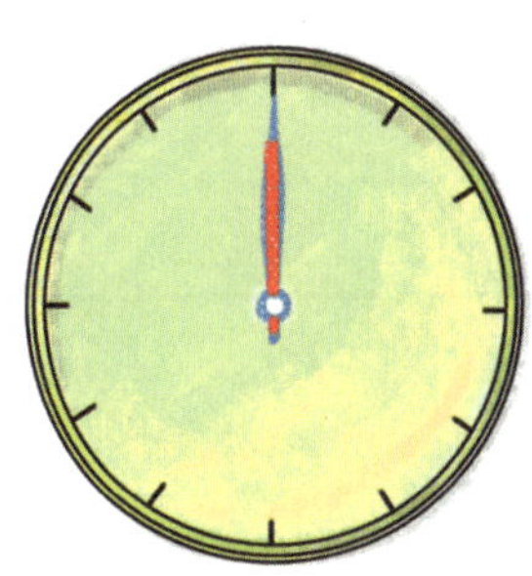

Es ist ______ Uhr
Oder: Es ist ______ Uhr

1. Schreibe die Uhrzeit auf zwei Arten.

Uhrzeiten einstellen

13 Uhr

18 Uhr

21 Uhr

19 Uhr

14 Uhr

22 Uhr

17 Uhr

15 Uhr

24 Uhr
oder: 0 Uhr

20 Uhr

16 Uhr

23 Uhr

1. Male die Zeiger ein.
2. *Es ist 19 Uhr.* 2 Stunden später ist es ______ Uhr. 2 Stunden früher ist es ______ Uhr.
3. *Es ist 21 Uhr.* 3 Stunden später ist es ______ Uhr. 3 Stunden früher ist es ______ Uhr.

So viele Stunden in der Schule

Sport ist um ________ Uhr.

Mathematik ist um ________ Uhr.

Lesen ist um ________ Uhr.

Sachunterricht ist um ________ Uhr.

Malen ist um ________ Uhr.

Nach Hause geht Peter um ________ Uhr.

1. Wann hat Peter welche Stunde?

________ Stunden

________ Stunden

________ Stunden

2. Wie viele Stunden sind vergangen?

Uhr- und Tageszeit

Vormittag

_______ Uhr

Nachmittag

_______ Uhr

Nacht

_______ Uhr

Morgen

_______ Uhr

Mittag

_______ Uhr

Nacht

_______ Uhr

Abend

_______ Uhr

Mittag

_______ Uhr

1. Finde die Uhrzeit zur passenden Tageszeit.

Wochentag	Zeit	Programm	Sendung
Sa	11.00	ZDF	Emil und die Dedektive
	15.00	Kika	Tigerenten Club
	17.00	Kika	Schloss Einstein
	18.00	Kika	Meeresprinzessinnen
	19.00	ARD	In einem Land vor unserer Zeit
So	8.00	Kika	Wissen macht Ah
	12.00	Kika	Rumpelstilzchen
	16.00	Kika	Löwenzahn

2. Trage die Anfangszeit der Fernsehsendungen in die Uhren ein und verbinde.

Zeigeruhr und Zahlenuhr

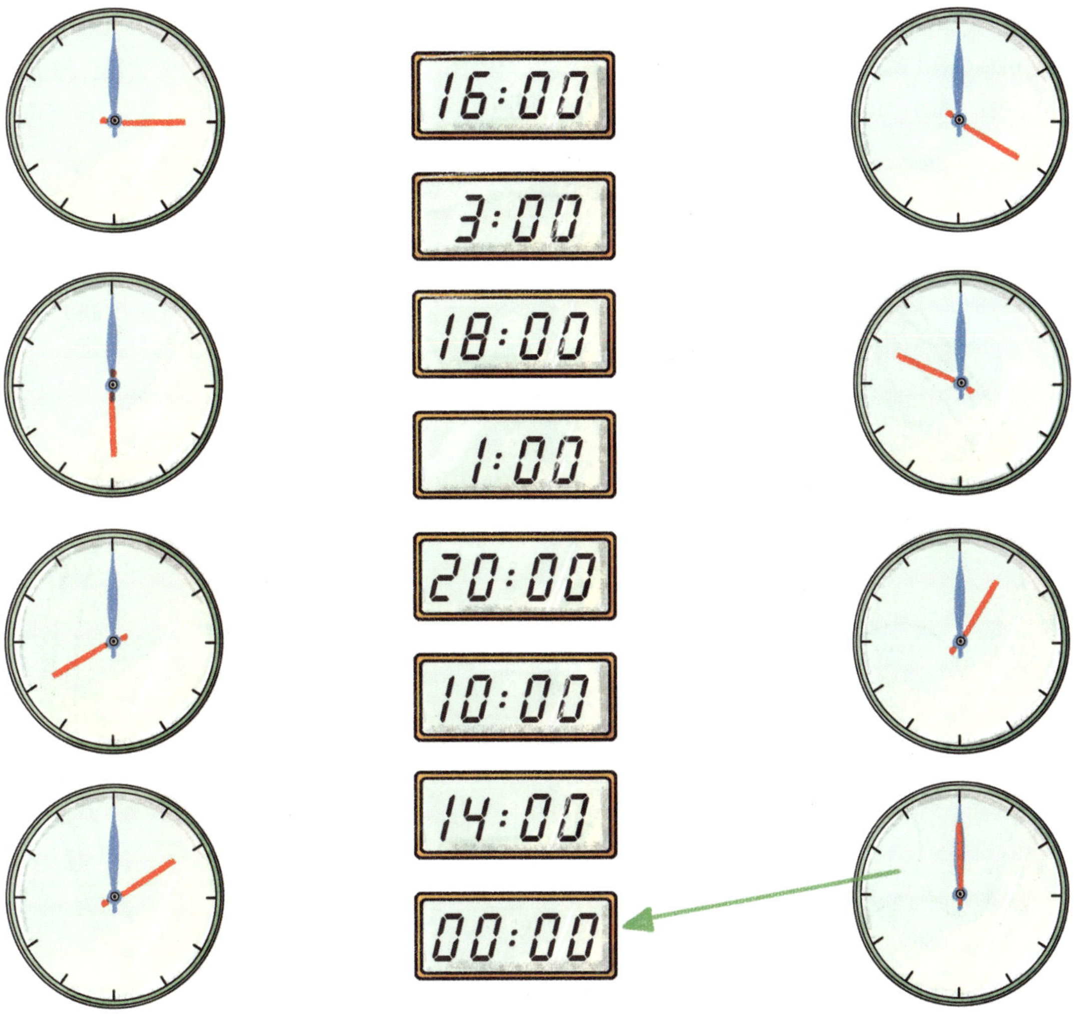

1. Verbinde die Analog-Uhren mit den Zeitangaben der Digital-Uhren.

13:00 22:00 10:00 16:00

2. Zu welcher Tageszeit passen die Zeitangaben? Verbinde.

SPIEL: Von Stunde zu Stunde

Regel: Spielfiguren auf die (1) stellen. Mit zwei Würfeln würfeln. Die Summe der Würfelpunkte ergibt die Uhrzeit. Die Figuren laufen von Stunde zu Stunde und dürfen keine Uhrzeit überspringen. Man darf immer 3mal würfeln. Sieger ist, wer zuerst auf der 12 steht.

2 =	•	•	5 =			7 =			8 =			11 =		
3 =		••	5 =			7 =			9 =			12 =		
4 =			5 =			7 =			9 =					
4 =			6 =			8 =			10 =					
			6 =			8 =			10 =					

1. Trage die verschiedenen Möglichkeiten in die Würfel ein.

Rechentricks für Plusaufgaben

1. Rechne wie Irina, Ulla und Fatos.

6 + 7 = ____

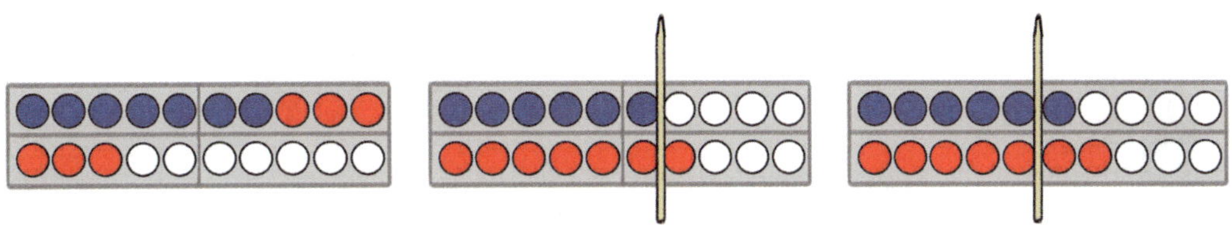

5 + 6 = ____

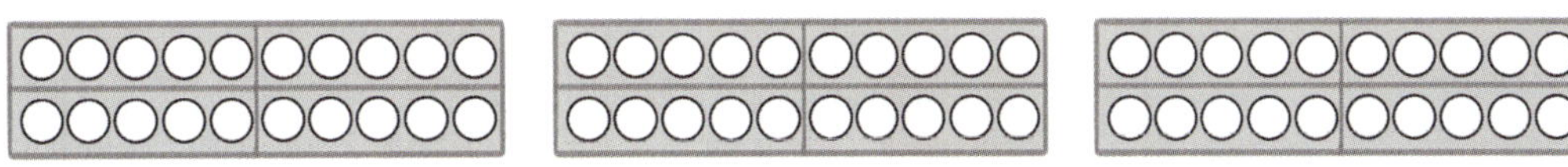

8 + 9 = ____

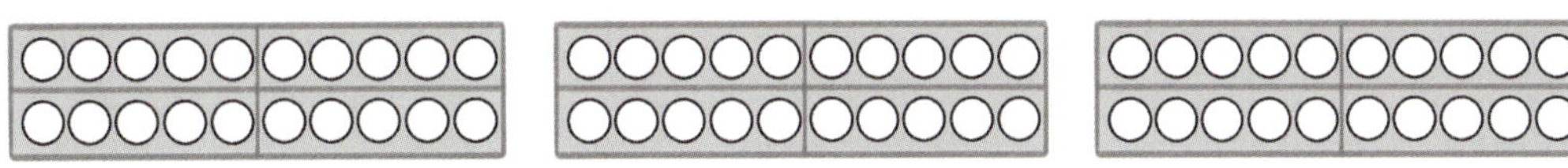

5 + 7 = ____

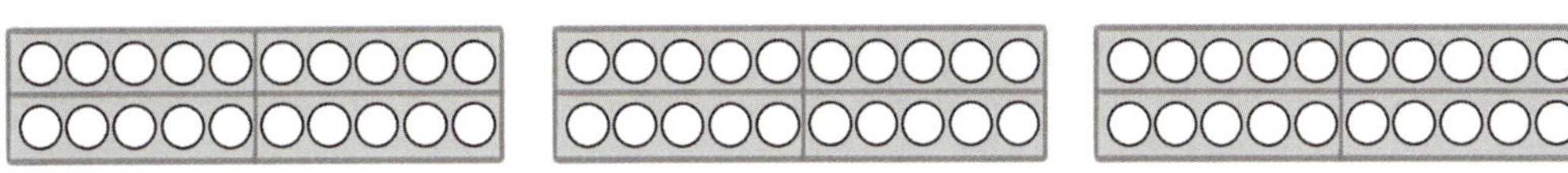

6 + 8 = ____

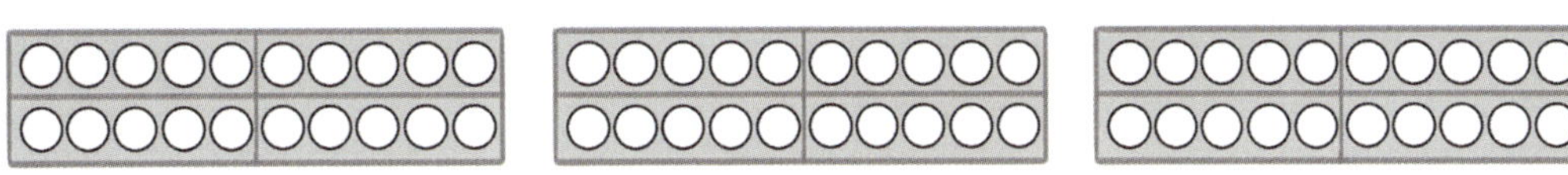

7 + 9 = ____

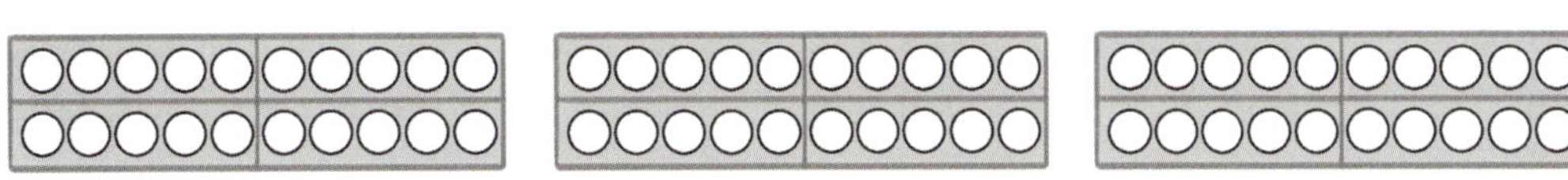

6 + 9 = ____

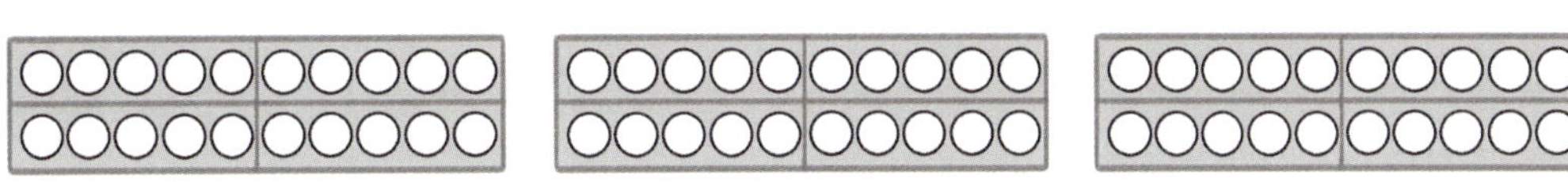

5 + 9 = ____

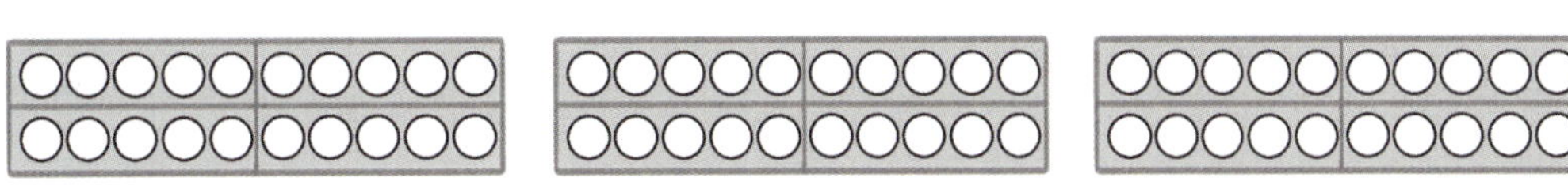

2. Male jede Aufgabe mit blauen und roten Punkten in die 20er-Felder.
Rechne alle Aufgaben erst mit Irinas Rechentrick, dann wie Ulla und dann wie Fatos.

Rechentricks für Plusaufgaben

Zeichen für die 3 Tricks:

Zusammen ein Herz	Verdoppeln	Die starke 5

Irina	Ulla	Fatos

Wie rechnest du?

6 + 9 = ____ 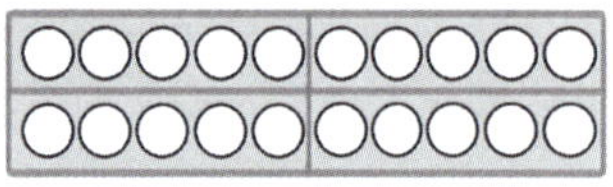 5 + 9 = ____ 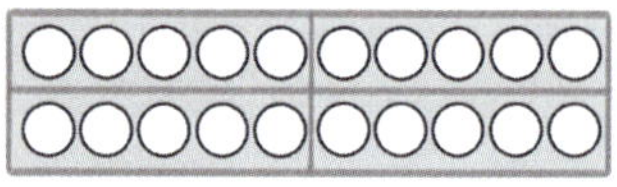

8 + 7 = ____ 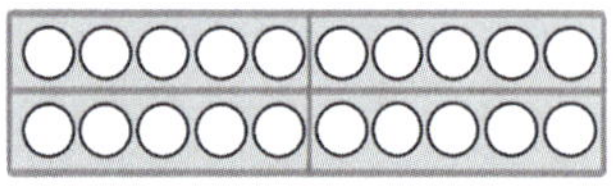 9 + 7 = ____ 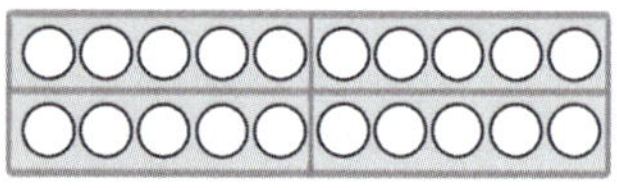

4 + 8 = ____ 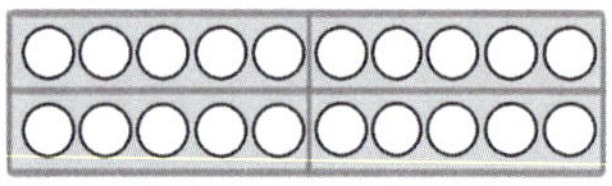 7 + 6 = ____ 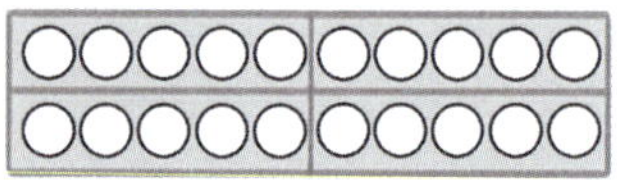

8 + 8 = ____ 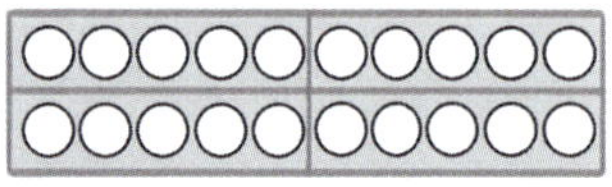 3 + 8 = ____ 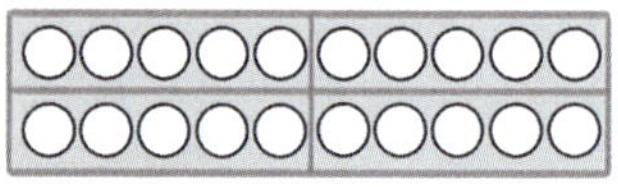

5 + 7 = ____ 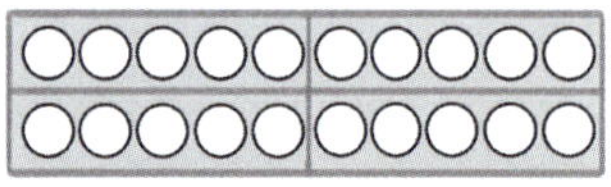 5 + 8 = ____ 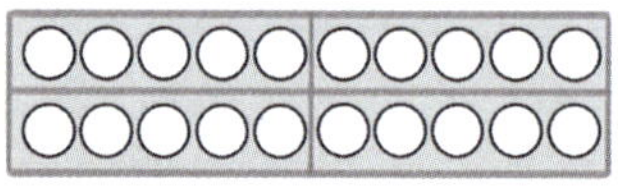

6 + 8 = ____ 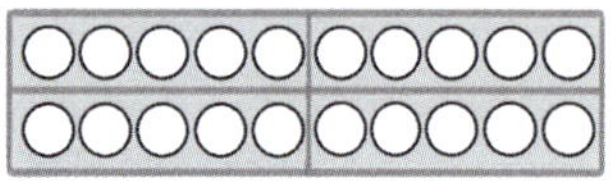 9 + 8 = ____ 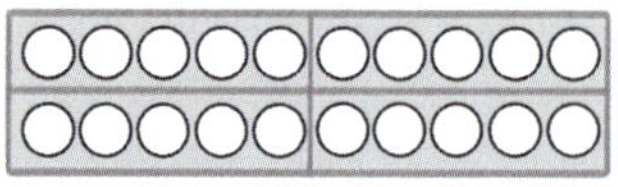

1. Erzähle, wie du rechnest.

Gewichte schätzen

	etwa 1 kg	schwerer als 1 kg	leichter als 1 kg

	etwa 1 kg	schwerer als 1 kg	leichter als 1 kg

1. Stelle dir das Gewicht der Gegenstände vor und kreuze dann an.

Viele Kastanien

1. Schätze zuerst.
2. Lege auf jede Kastanie ein Wendelplättchen.
3. Nimm die Plättchen runter und lege sie auf dem Tisch so geschickt hin, dass man die Anzahl schnell, also mit einem *Blitzblick*, zählen kann.

Z	E	Z	E

4. Zeichne deine Lösung auf diesen Zettel.
   Mache für jedes Plättchen einen Punkt.
5. Wie viele Plättchen hast du gezählt? Notiere die Anzahl in die Tabelle.

Viele Kastanien

1. Wer hat seine Kastanien geschickt gelegt? ____________

Boiris ☐ Irina ☐ Tom ☐ Serkan ☐ Ulla ☐

2. Wie viele Kastanien haben die Kinder gelegt? Trage ein.

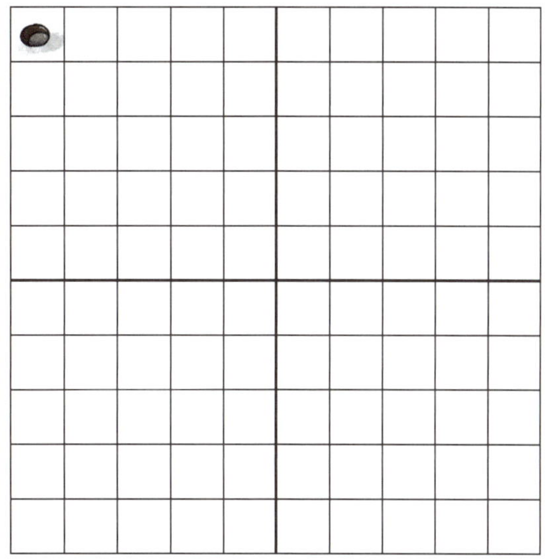

Z	E	Z	E

3. Lege jede Kastanie in ein Kästchen des 100er-Feldes.
4. Wie viele sind es? Trage die Anzahl in die Tabelle ein.

Schätze und zähle

geschätzt:

gezählt:

Z	E	Z	E

geschätzt:

gezählt:

Z	E	Z	E

geschätzt:

gezählt:

Z	E	Z	E

geschätzt:

gezählt:

Z	E	Z	E

1. Mache für jeden zu zählenden Gegenstand einen Punkt in das Kästchen des 100er-Feldes.
2. Trage die Anzahl in die Tabelle ein.

Basteln im Herbst

Z	E	Z	E

Walnüsse

Z	E	Z	E

Kastanien

Z	E	Z	E

Eicheln

Z	E	Z	E

Streichhölzer

Schätze und prüfe

ich schätze:

ich zähle:

Z	E	Z	E

ich schätze:

ich zähle:

Z	E	Z	E

ich schätze:

ich zähle:

Z	E	Z	E

ich schätze:

ich zähle:

Z	E	Z	E

ich schätze:

ich zähle:

Z	E	Z	E

1. Finde noch mehr verpackte Sachen, die du schätzen und zählen kannst.

Immer 2

Kinder	1	2			5				9	
Augen	2	4		8			14			

1. Wie viele Augen schauen die Lehrerin an?

Kinder										
Hände										

2. Wie viele Hände sind unter den Tischen?

Kinder										
Ohren										

3. Wie viele Ohren sind unter den Mützen? Fülle die Tabellen aus.

Von Monat zu Monat

2007 DEZEMBER

Mo	Di	Mi	Do	Fr	Sa	So
					1	2
3	4	5	6	7	8	9
10	11	12	13	14	15	16
17	18	19	20	21	22	23
24	25 Weihnachten	26	27	28	29	30
31 Silvester						

2008 JANUAR

Mo	Di	Mi	Do	Fr	Sa	So
	1 Neujahr	2	3	4	5	6
7	8	9	10	11	12	13
14	15	16	17	18	19	20
21	22	23	24	25	26	27
28	29	30	31			

2008 FEBRUAR

Mo	Di	Mi	Do	Fr	Sa	So
				1	2	3
4	Fastnacht 5	6	7	8	9	10
11	12	13	14	15	16	17
18	19	20	21	22	23	24
25	26	27	28	29		

2008 MÄRZ

Mo	Di	Mi	Do	Fr	Sa	So
					1	2
3	4	5	6	7	8	9
10	11	12	13	14	15	16
17	18	19	20	21 Karfreitag	22	23 Ostern
24 Ostermontag	25	26	27	28	29	30
31						

Winteranfang: 22.12.
Winterende: 21.3.

Weihnachtsferien: 24.12.2007
Osterferien: 17.3. – 29.3.2008

1. Wie viele Tage hat eine Woche? ____________
2. An welchem Wochentag beginnt der Winter? ____________
3. An welchem Wochentag endet der Winter? ____________
4. Wie viele Wochen hat der Winter? ____________
5. Wann beginnen die Weichnachtsferien? ____________
6. Wann enden die Weihnachtsferien? ____________
7. Wie lange sind die Weihnachtsferien? ____________
8. Wann ist Fasching? Schreibe Wochentag und Datum auf. ____________
9. Fatos hat am 7. 2. Geburtstag. Welcher Wochentag ist das? ____________
10. Serkan hat am 3. 3. Geburtstag. Wie viele Tage ist er älter als Fatos? ____________
11. Wer hat in deiner Klasse im Winter Geburtstag? ____________

Fatos feiert Geburtstag

Fatos will alles gerecht mit seinen 5 Freunden teilen.

65 Stück

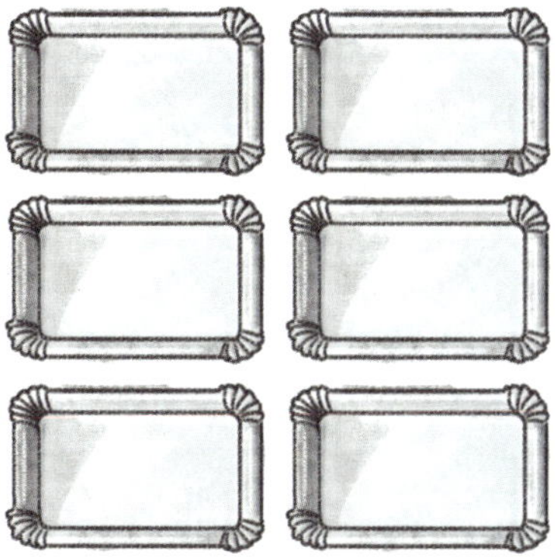

Übrig bleiben: ☐

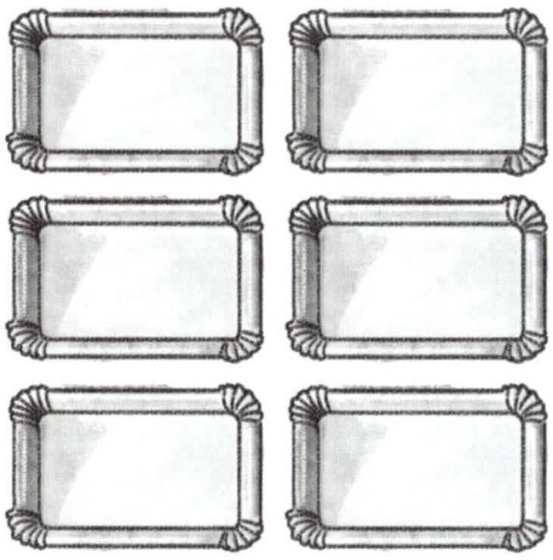

Übrig bleiben: ☐

Übrig bleiben: ☐

Fatos zählt zuerst die Gummibärchen aus. Er legt sie sich zum Zählen geschickt in die Kästchen des 100er-Feldes. Dann verteilt er sie gerecht auf Teller.
Danach zählt er die Brezeln und Minis aus und verteilt sie auch jeweils auf 6 Teller.

1. Wie viel bekommt jedes Kind? Mache Punkte auf die Teller.
2. Wie viel bleibt jedes Mal übrig?

Viele bunte Eier

Immer 5 Eier

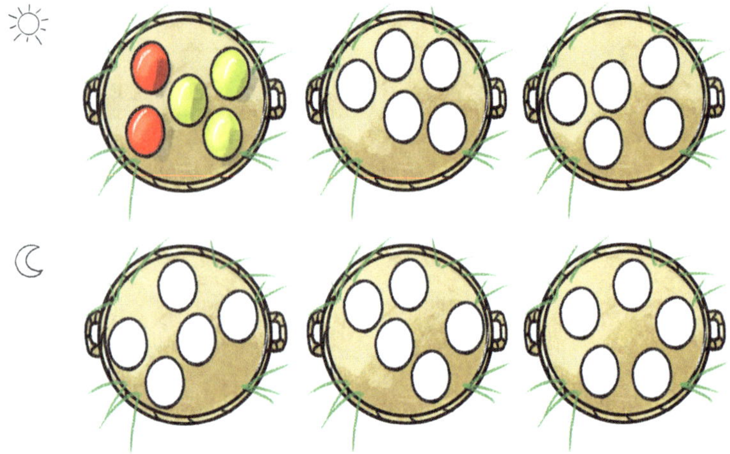

5 =	2	+	3	
5 =		+		
5 =		+		
5 =		+		
5 =		+		
5 =		+		

Immer 6 Eier

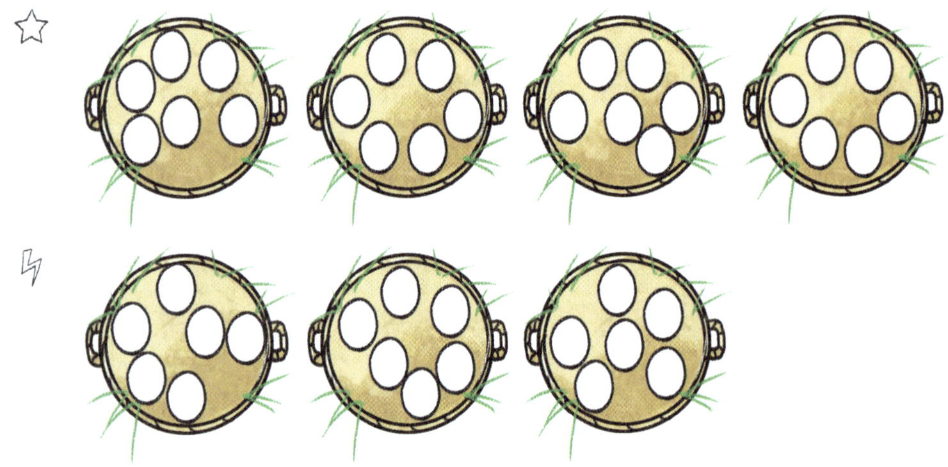

6 =		+	
6 =		+	
6 =		+	
6 =		+	
6 =		+	
6 =		+	

Immer 7 Eier

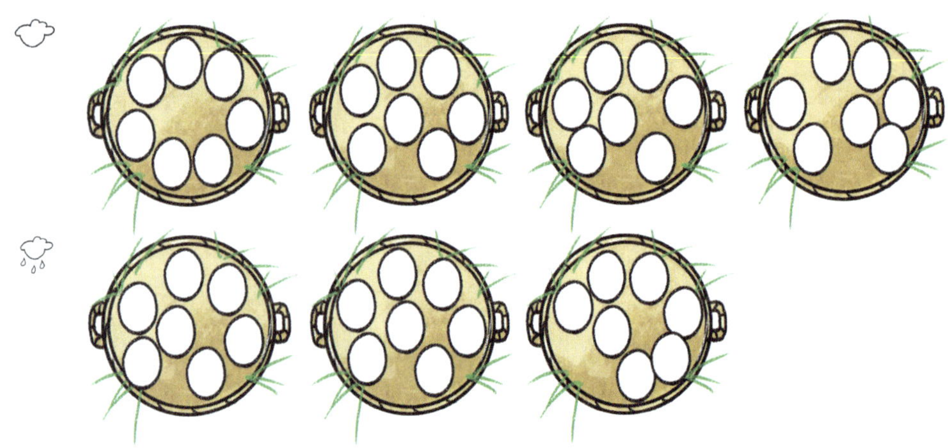

7 =		+	
7 =		+	
7 =		+	
7 =		+	
7 =		+	
7 =		+	

1. Male die Eier rot oder gelb an.
   Jedes Nest soll anders aussehen. Keines darf 2mal vorkommen.

Längen messen

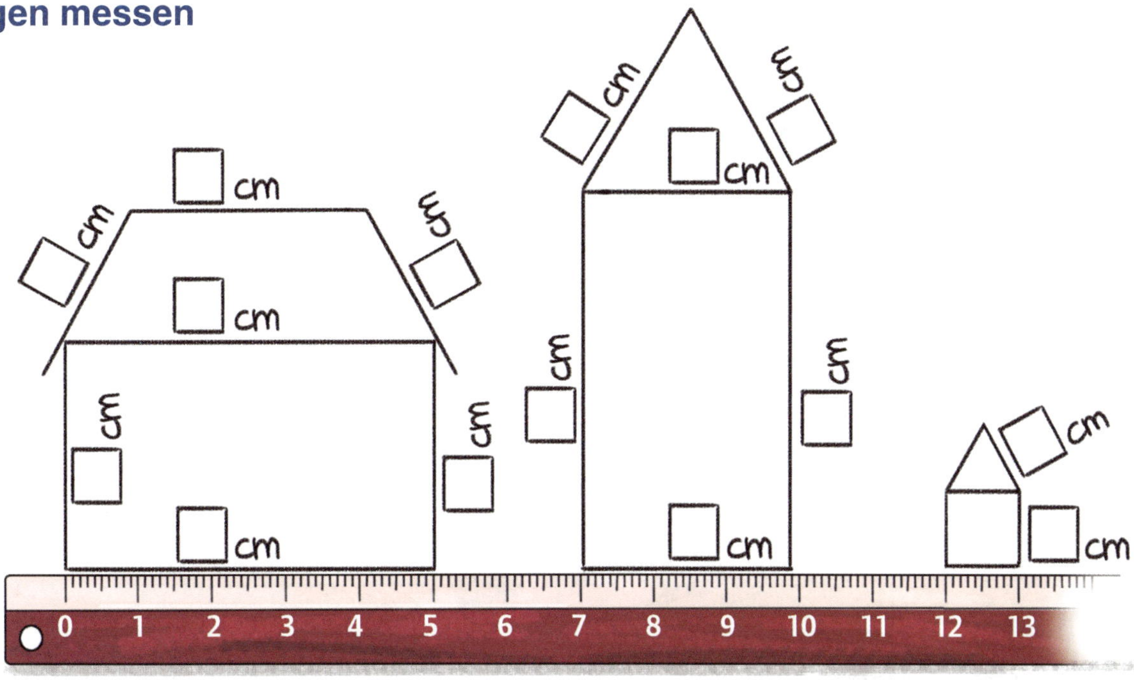

1. Miss die Häuser aus und trage die Länge jeweils in die Kästchen ein.
2. Fahre alle gleich langen Strecken mit der gleichen Farbe nach.

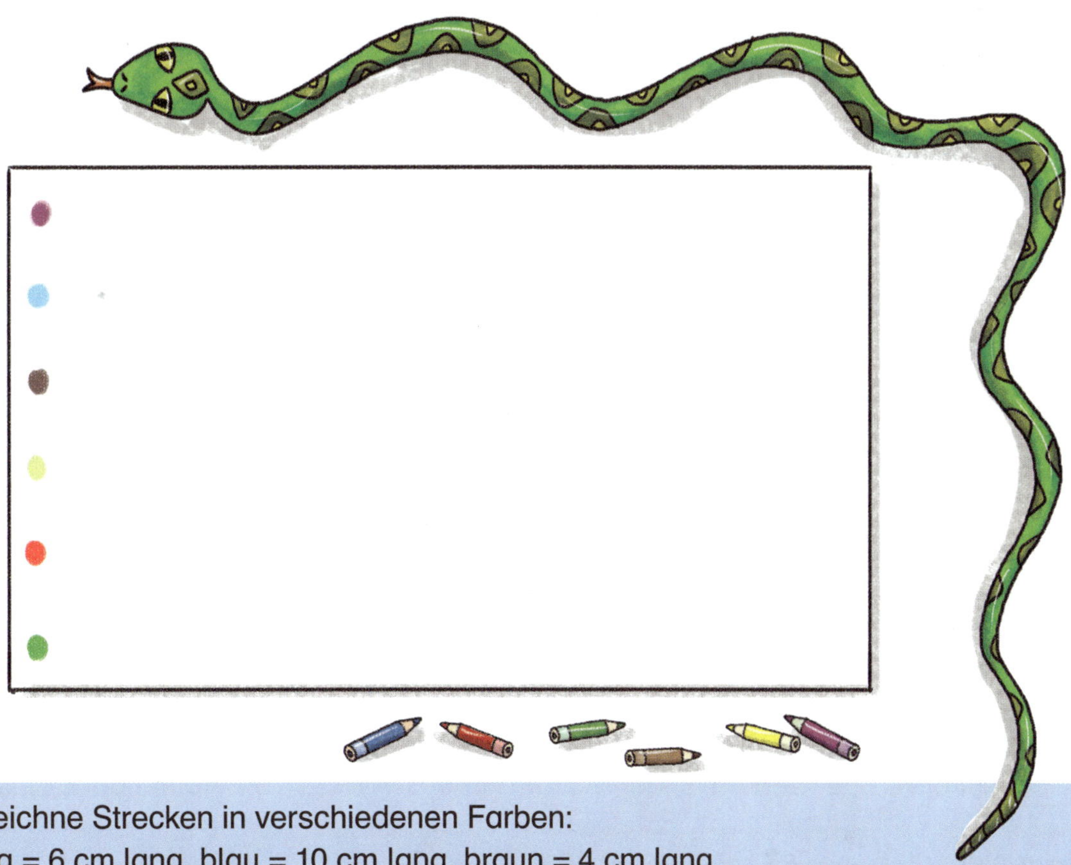

3. Zeichne Strecken in verschiedenen Farben:
   lila = 6 cm lang, blau = 10 cm lang, braun = 4 cm lang,
   gelb = 2 cm lang, rot = 12 cm lang, grün = 9 cm lang.
4. Wie lang ist die Schlange? Wie kannst du sie genau ausmessen?

Warteschlange, bitte hinten anstellen

Irina ist die Letzte in der Reihe. Sie ist die 10. Simon ist der ___.

Jetzt ist Irina die ___. Ulla ist die ___. Tom ist der ___. Lisa ist die ___ und Serkan der ___.

Und jetzt? An welcher Stelle steht jetzt Irina?

Irina ist die ___. Serkan ist der ___. Laura ist die ___. Peter ist der ___.

1. Wer steht an 6. Stelle? Beschreibe das Kind.
2. Wer ist der 9. in der Reihe? Beschreibe das Kind.
3. Wer ist der Letzte? Beschreibe das Kind.

Wo?

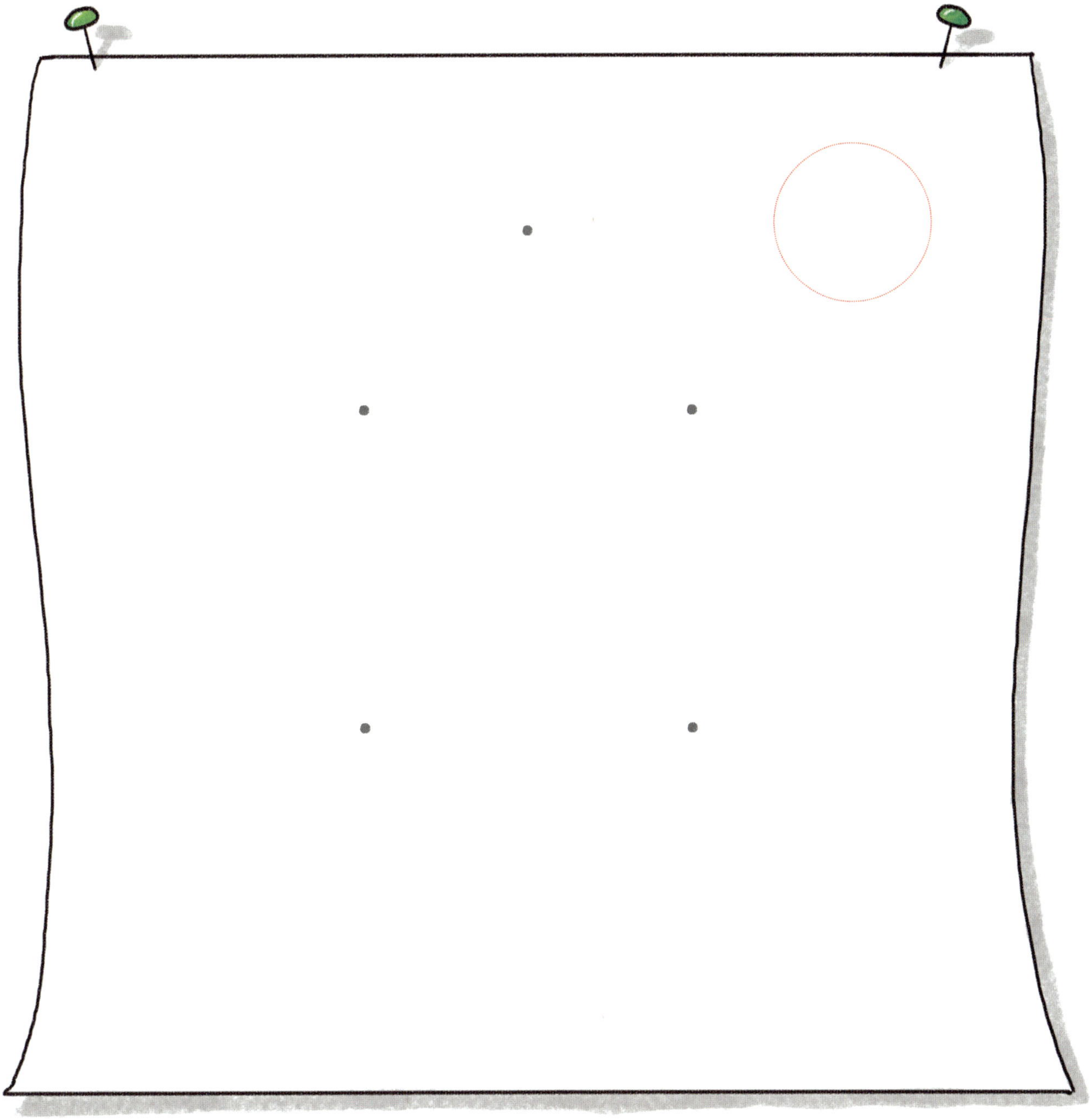

Male rechts oben einen Kreis.
Male in die Mitte ein Quadrat, die Punkte helfen dir.
Male auf das Quadrat ein Dreieck. Verbinde dazu die oberen drei Punkte. Was ist entstanden?
Male links neben das Haus einen Baum.
Male einen Vogel in den Baum.
Male 2 Fenster in das Haus.
Male unten in die linke Ecke eine rote Blume.
Male unten in die rechte Ecke eine blaue Blume.
Male zwischen die Blumen einen Hund.
Male unter die Sonne (Kreis) ein Kind.

1. Zeichne.

An einem Sommertag

Man schreibt:	+ 10 °C	und	– 10 °C
Man sagt:	10 Grad	und	minus 10 Grad
oder	10 Grad über 0	und	10 Grad unter Null

morgens

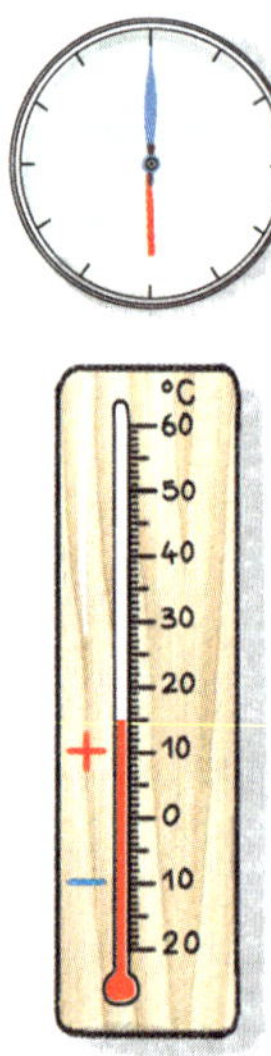

______ Uhr

______ °C

vormittags

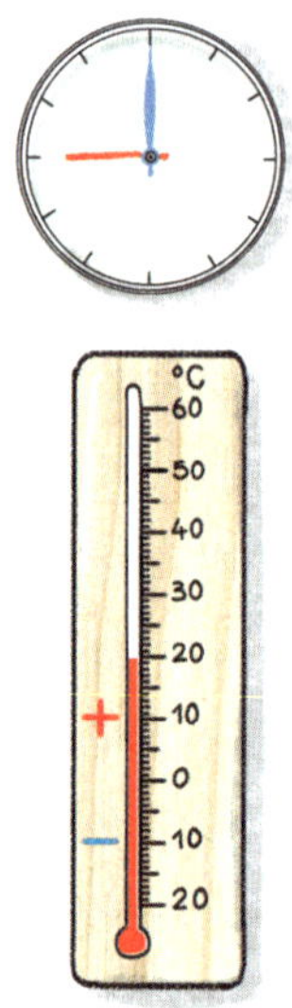

______ Uhr

______ °C

mittags

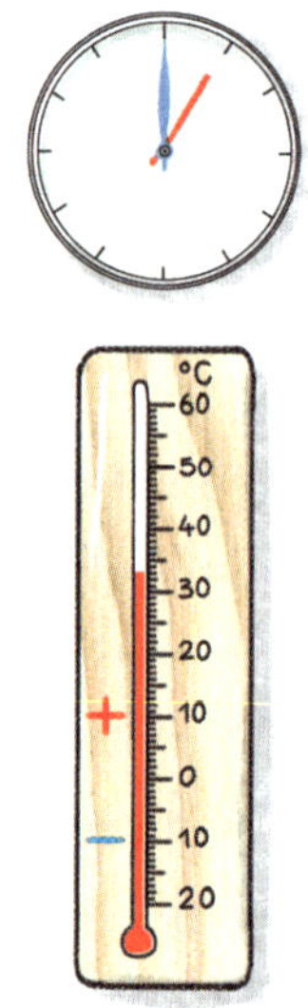

______ Uhr

______ °C

nachmittags

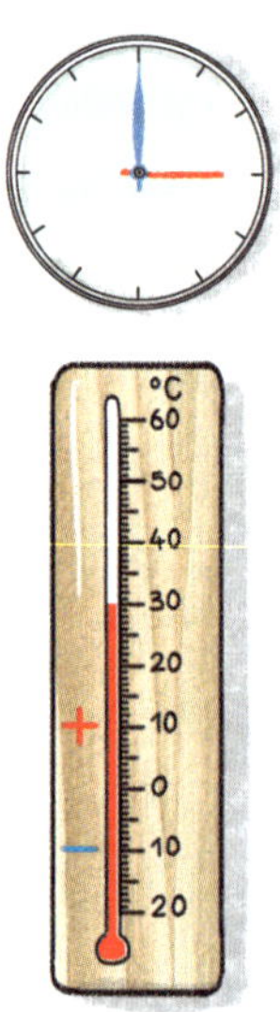

______ Uhr

______ °C

abends

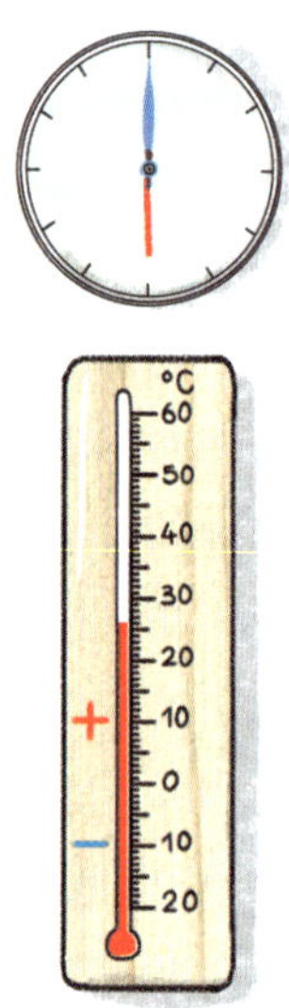

______ Uhr

______ °C

nachts

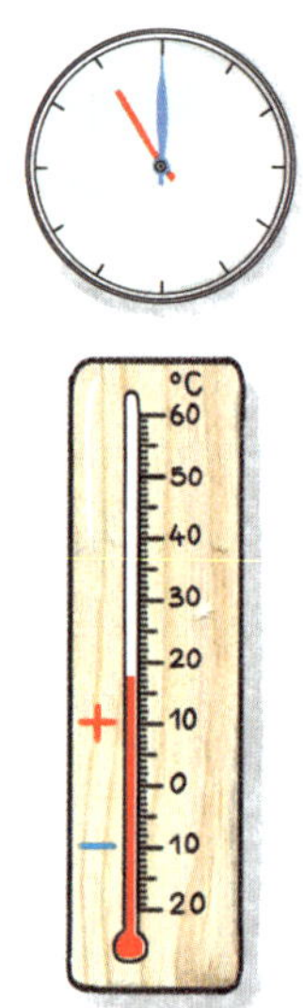

______ Uhr

______ °C

1. Schreibe auf, zu welcher Uhrzeit es wie viel Grad sind.
2. Zu welcher Tageszeit ist es am wärmsten?
3. Zu welcher Tageszeit ist es am kältesten?

An einem Wintertag

morgens

_______ Uhr

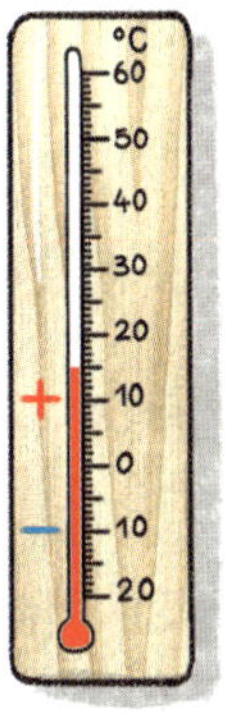

_______ °C

vormittags

_______ Uhr

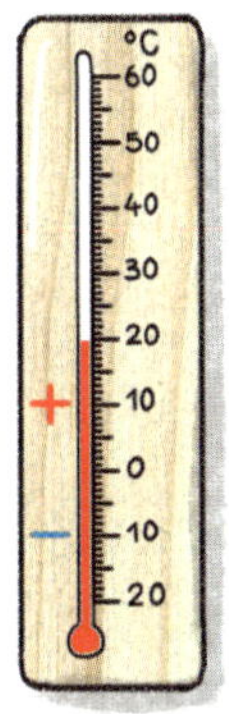

_______ °C

mittags

_______ Uhr

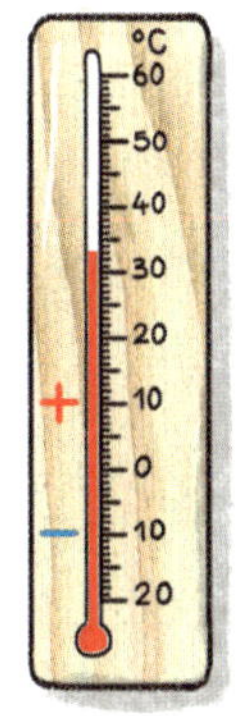

_______ °C

nachmittags

_______ Uhr

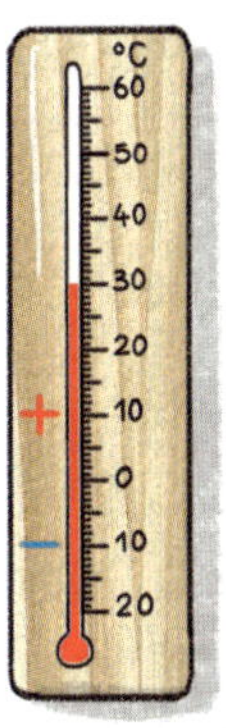

_______ °C

abends

_______ Uhr

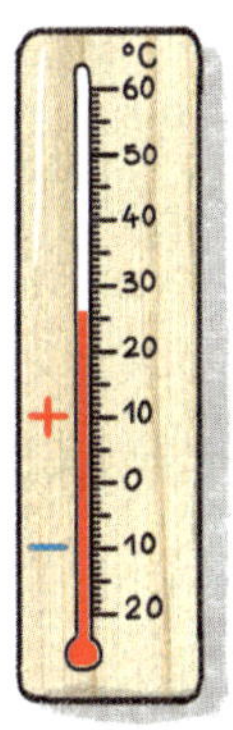

_______ °C

nachts

_______ Uhr

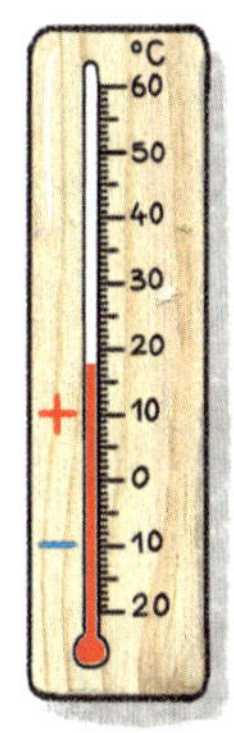

_______ °C

1. Bilde Sätze.

Im Sommer sind es morgens um _______ Uhr _______ Grad.

Im Winter sind es vormittags um _______ Uhr _______ Grad.

Im Sommer sind es mittags um _______ Uhr _______ Grad.

Im Winter sind es nachmittags um _______ Uhr _______ Grad.

Im Sommer sind es abends um _______ Uhr _______ Grad.

Im Winter sind es nachts um _______ Uhr _______ Grad.

Warm oder kalt?

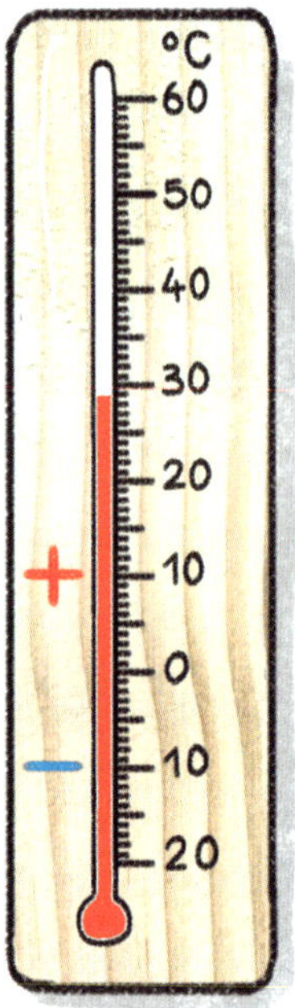

°C

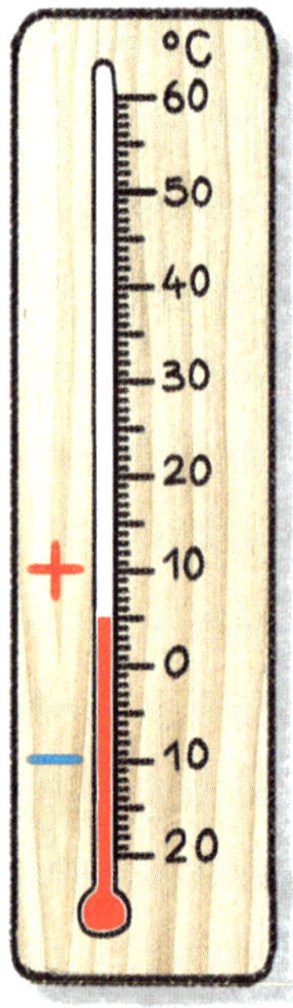

°C

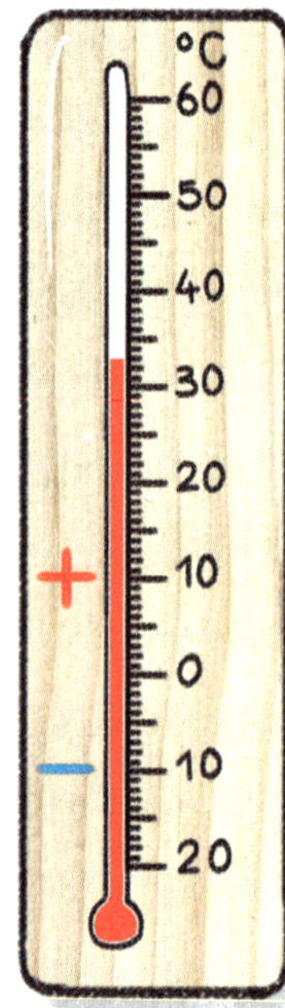

°C

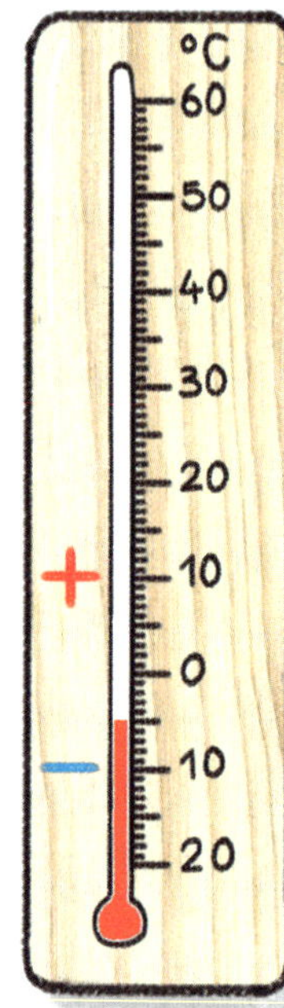

°C

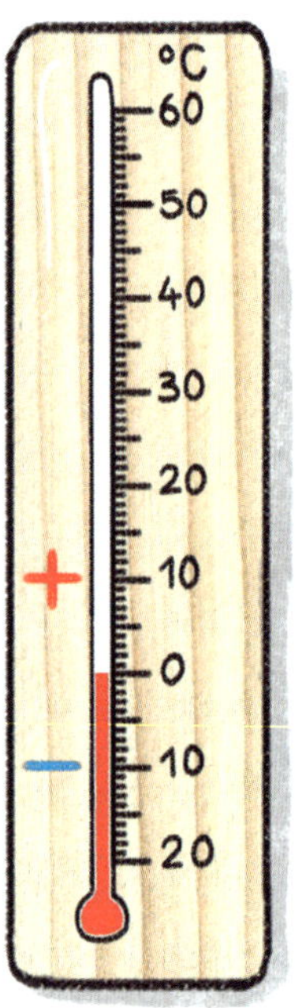

°C

°C

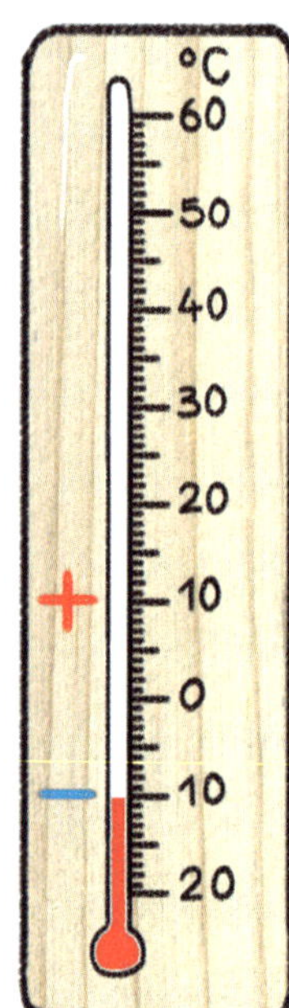

°C

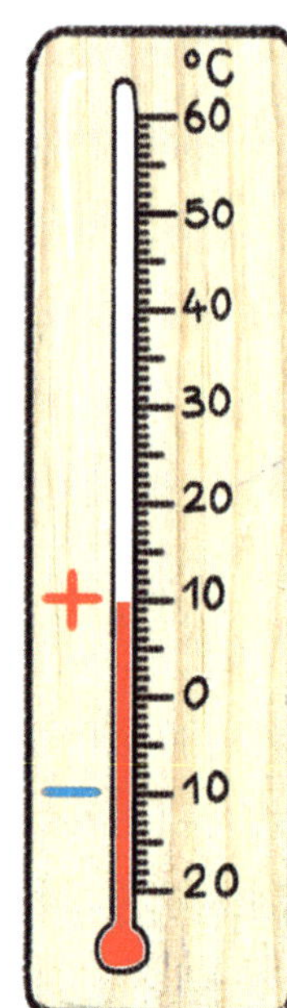

°C

1. Lies die Temperatur ab und trage sie ein.
2. Bei welcher Temperatur kann man sagen: „Es ist kalt“?
3. Bei welcher Temperatur kann man sagen: „Es ist warm“?

Die Temperatur der Luft

Wir messen in der Woche vom: __________ bis __________ 20__________.

Montag

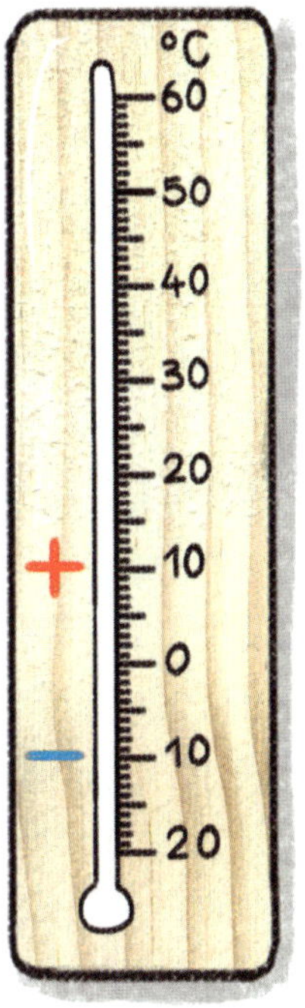

Dienstag

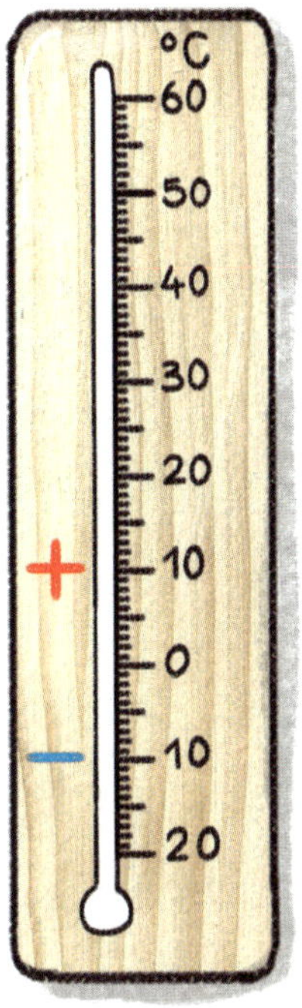

Mittwoch

Donnerstag

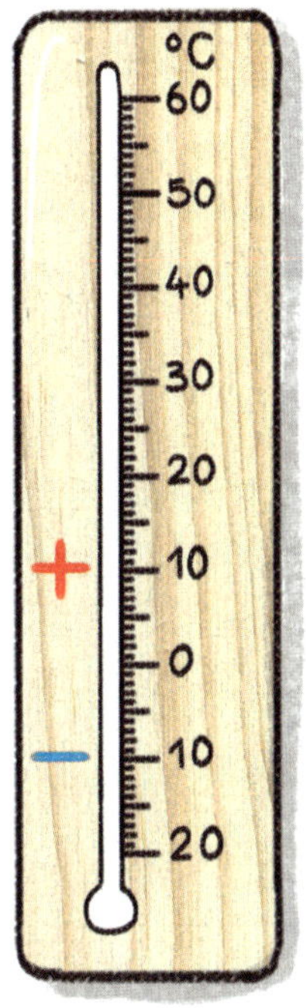

Freitag

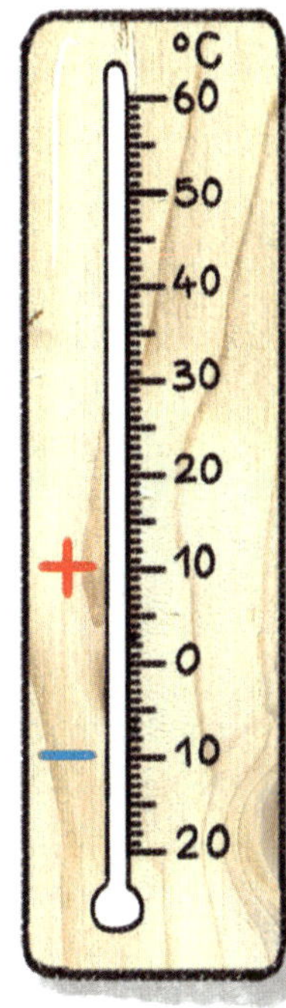

Samstag

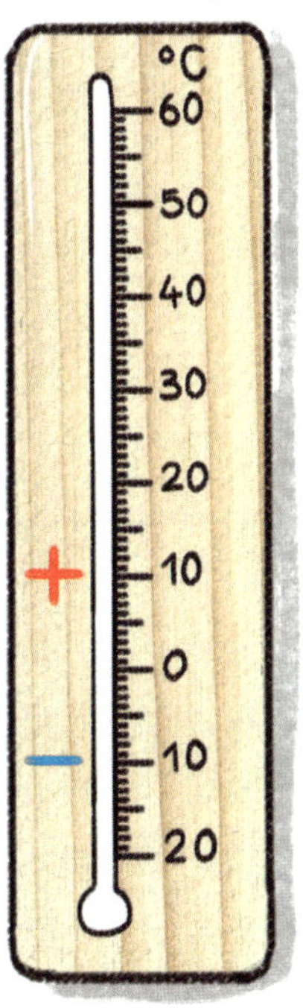

Sonntag

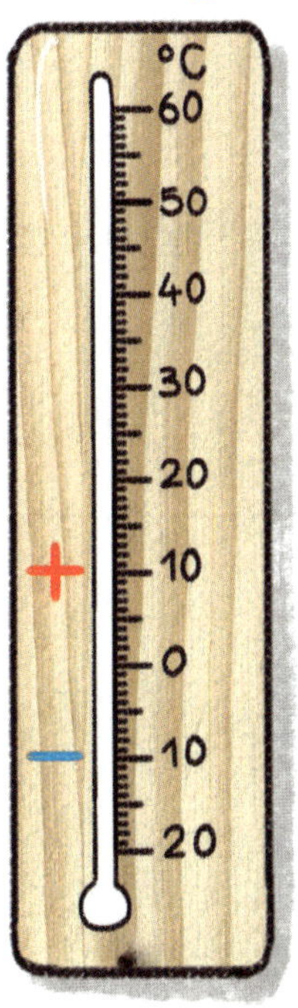

Montag	°C
Dienstag	
Mittwoch	
Donnerstag	
Freitag	
Samstag	
Sonntag	

Temperaturunterschiede

		Temperaturunterschied
Mittwoch:	17 °C	
Donnerstag:	20 °C	
Montag:	21 °C	
Dienstag:	26 °C	
Samstag:	12 °C	
____________	7 °C	
Dienstag:	6 °C	
____________	0 °C	
Sonntag:	29 °C	
____________	34 °C	
Donnerstag:	33 °C	
____________	26 °C	
Freitag:	0 °C	
____________	–3 °C	
Mittwoch:	7 °C	
____________	–3 °C	
Nordpol:	–50 °C	
Afrika:	50 °C	

1. Trage die fehlenden Wochentage ein.
2. Berechne die Temperaturunterschiede.
3. Bei welcher Aufgabe ist der Temperaturunterschied am größten/am kleinsten?

Thermometer

Gehe mit deinem Thermometer an eine Stelle des Klassenzimmers.

Lege an diesem Messort das Thermometer 5 Minuten hin.

1. Lies die Temperatur ab.
2. Schreibe Messort und Temperatur auf.
3. Zeichne die Temperatur in das Thermometer ein.

Beispiel: Messort: Fensterbrett Temperatur: 18 °C

Messung 1: Messort: ______________________ Temperatur: ________

Messung 1: Messort: ______________________ Temperatur: ________

Messung 1: Messort: ______________________ Temperatur: ________

Messung 1: Messort: ______________________ Temperatur: ________

Beispiel

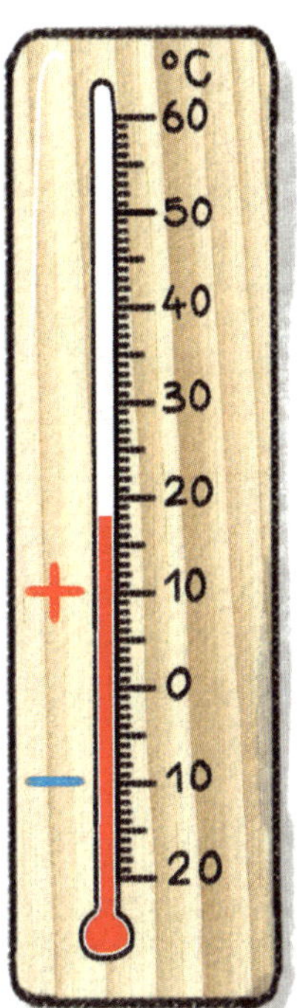

Messung 1

Messung 2

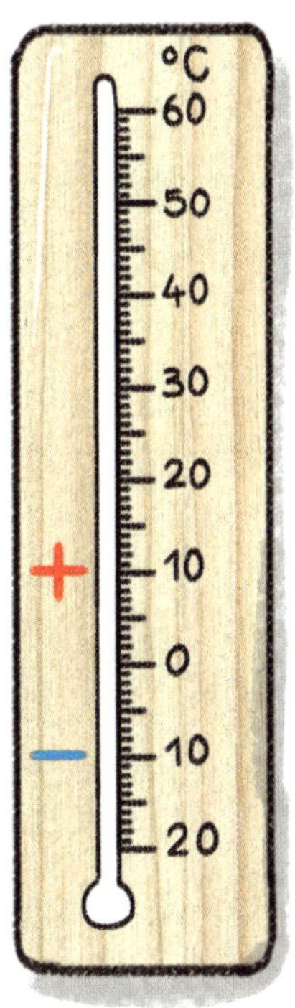

Messung 3

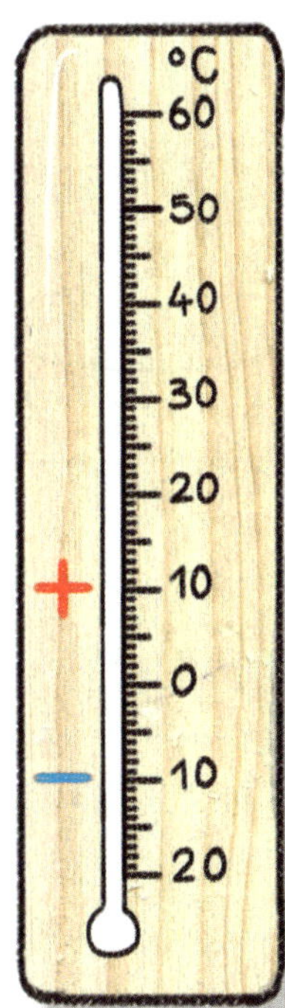

Messung 4

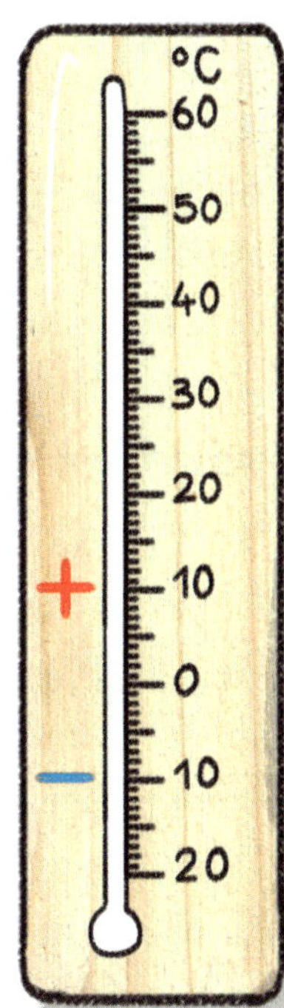

Verschiedene Temperaturen

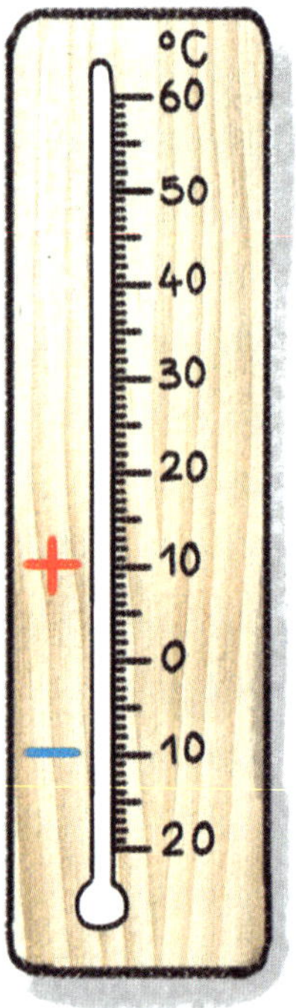

Kühlschrank

°C

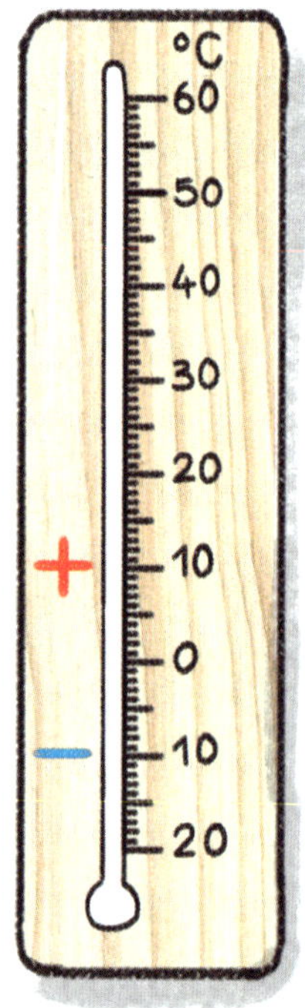

warme Jacke

°C

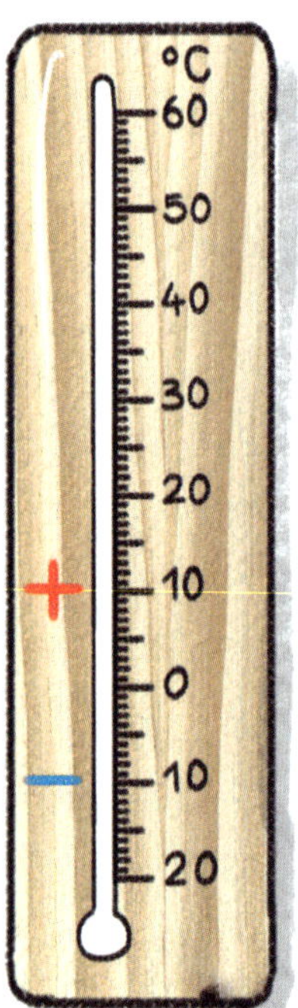

heißes Wasser

°C

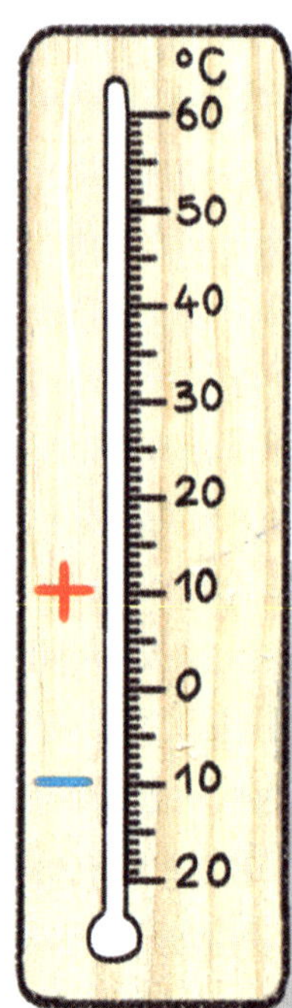

kaltes Wasser

°C

1. Trage deine gemessenen Temperaturen mit einem rotem Stift in die Thermometer ein.

Verschiedene Temperaturen

Speiseeis

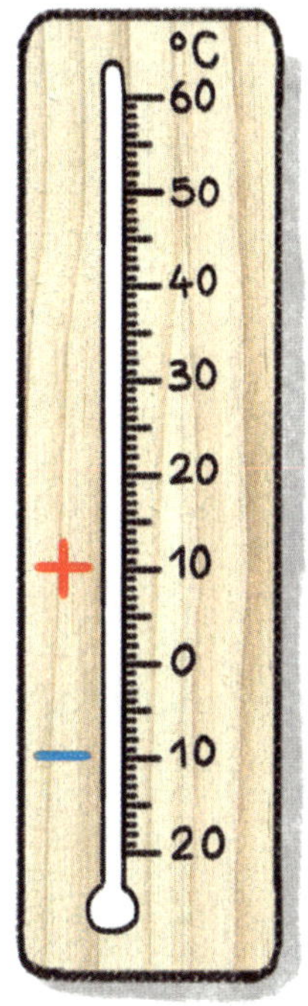

frisch gebackener Kuchen

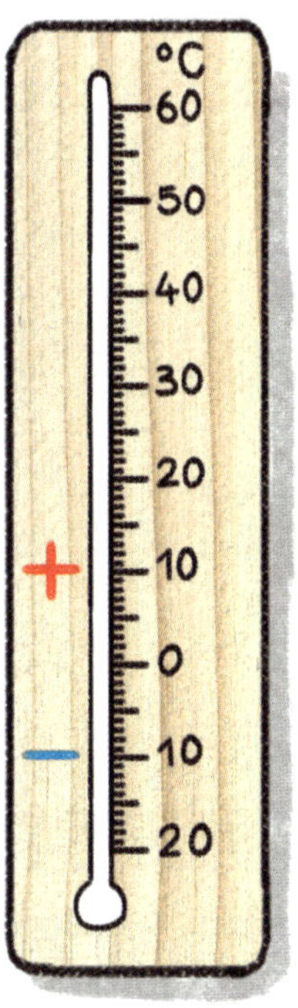

trinkwarme Milch

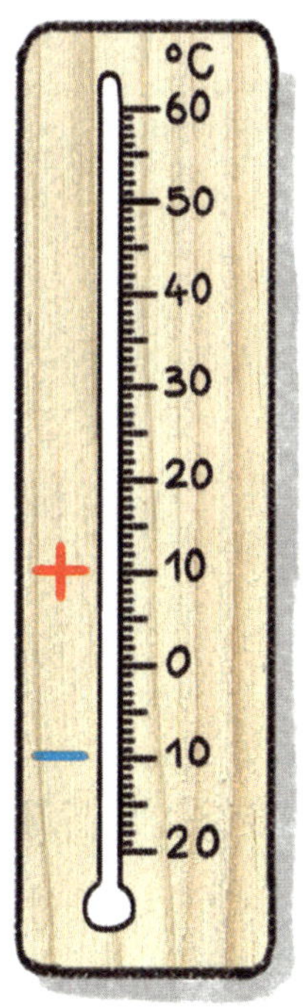

deine Körpertemperatur

1. Was hat die höchste Temperatur? ______________________ hat: ____ °C
2. Was hat die niedrigste Temperatur? ______________________ hat: ____ °C
3. Haben alle Kinder in der Klasse dieselbe Körpertemperatur?

Gerade Linien

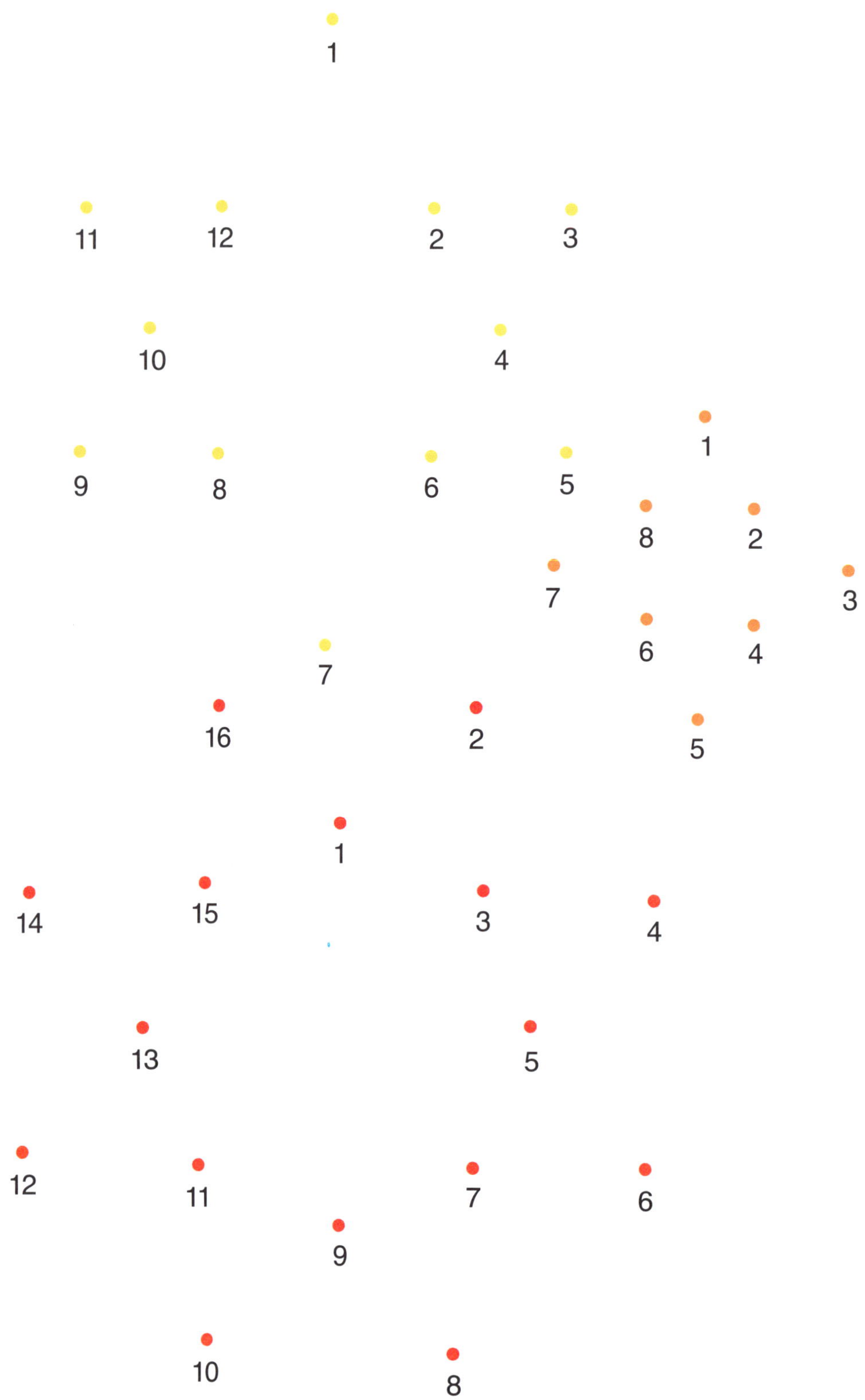

1. Verbinde die Zahlen der gelben, roten und orangenen Punkte jeweils mit einem geraden Strich miteinander.
2. Was entsteht? Was ist der Unterschied?

Punkte, Geraden und gebogene Linien

Der Regen strömt

Der Regen tröpfelt

Die Schneeeflocken schweben

Die Blitze schlagen ein

Sind das alles Schneeflocken?

1. Finde die Spiegellinie.
2. Was fällt dir auf?

Würfelspiel: Von kalt nach heiß

Anleitung: 1 Würfel
2–4 Spieler
Kommst du auf ein farbiges Feld, so musst du 4 Plätze zurück.

Wo ist Schneewittchen?

1. Zwerg Ormel sucht die linke Seite der Straße ab. Er beginnt bei Hausnummer 1.
   Zu welcher Hausnummer geht er dann? Wie kann es weitergehen?

2. Zwerg Urmel sucht die rechte Seite der Straße ab. Er beginnt bei Hausnummer 2.
   Zu welcher Hausnummer geht er dann? Wie kann es weitergehen?

3. Zwerg Irmel geht die Straße im Zickzack ab. Wie geht es weiter?

Wo ist Schneewittchen?

19										

1. Zwerg Ormel geht die Straße wieder zurück. An welchen Häusern kommt er vorbei?

20										

2. Zwerg Urmel geht die Straße wieder zurück. An welchen Häusern kommt er vorbei?

20									

3. Zwerg Irmel geht die Straße wieder zurück. An welchen Häusern kommt er vorbei?

1				

2				

Merke:
Die Urmel-Zahlen nennt man in der Mathematik: gerade Zahlen.
Die Ormel-Zahlen nennt man in der Mathematik: ungerade Zahlen.

4. Schreibe die Ormel-Zahlen (ungerade Zahlen) auf.

5. Schreibe die Urmel-Zahlen (gerade Zahlen) auf.

6. Was fällt dir an den Zahlen auf?

7. Male alle Ormel-Zahlen (ungerade Zahlen) blau und alle Urmel-Zahlen (gerade Zahlen) rot an.

5 14 3 9 15 4 17 12 11 6 10 18 2 7 16 8 20 13 19 1

Verschiedene Rechenwege

Die Kinder helfen den Zwergen beim Rechnen. Jedes Kind hat einen anderen Rechenweg.

Irina: 10 – □ = 3

Serkan: 10 – 3 = □

Peter: 10 = 3 + □

Irina: 4 – □ = 1

Serkan: 4 – 1 = □

Peter: 4 = 1 + □

Irina: 9 – □ = 3

Serkan: 9 – 3 = □

Peter: 9 = 3 + □

Irina: □□□□□

Serkan: □□□□□

Peter: □□□□□

Irina: □□□□□

Serkan: □□□□□

Peter: □□□□□

1. Rechne auch wie die Kinder.

Geschickt rechnen

3 + 1 + 2 + 4 + 5 + 1

☐ + ☐ + 5 + 2 =

4 + 2 + 3 + 5 + 1 + 5

☐ + ☐ + 5 + 5 =

1. Wie viele gierige Menschen kleben an der goldenen Gans?
   Zähle geschickt zusammen.

4 + 3 + 5 + 1 + 2 + 3

5 + 1 + 2 + 4 + 4 + 3 + 4

2. Zähle erst die Zahlen zusammen, die 5 ergeben, und streiche sie dann durch.

6 + 5 + 4 + 5 + 7 + 3

3 + 4 + 7 + 2 + 6 + 8

3. Zähle erst die Zahlen zusammen, die 10 ergeben, und streiche sie dann durch.

☼ Der Esel wiegt so viel wie 300 Tüten Zucker, also: 300 kg.

☾ Das Reh wiegt so viel wie 100 Tüten Zucker, also: ______ kg.

☆ Ein Papagei wiegt so viel wie 1 Tüte Zucker, also: ______ kg.

4. Wer ist wie schwer?

13 – 2 = ☐ – 1 = ☐ – 2 = ☐ – 1 = ☐ – 4 = ☐ – 2 = ☐ – 1 = 0

5. Der Kaiser legt 13 Kleidungsstücke ab. Rechne.

7 Geißlein und 1 Königin

Wie viele Steine sind im Bauch des Wolfes, wenn jedes Geißlein 2 Steine bringt?

2 + 2 + 2 + 2 + □ + □ + □ =

Wie viele Steine sind im Bauch des Wolfes, wenn jedes Geißlein 3 Steine bringt?

Wie viele Steine sind im Bauch des Wolfes, wenn jedes Geißlein 4 Steine bringt?

Wie viele Steine sind im Bauch des Wolfes, wenn jedes Geißlein 5 Steine bringt?

1. Die 7 Geißlein schleppen Steine herbei. Wie viele Steine sind im Bauch des Wolfes?

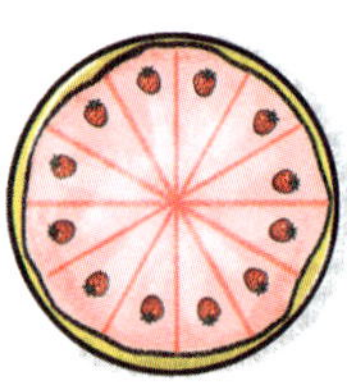

1 ganze Torte schneidet die Königin in gleich große Stücke und verteilt die Stücke auf die Teller. Wie viele Stücke macht sie aus der Torte? □

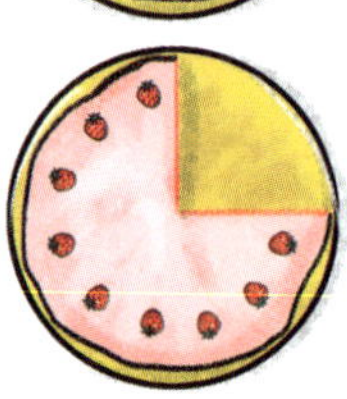

1 Viertel der Torte hat sie schon verteilt.
Wie viele Stücke waren das? □
Wie viele bleiben übrig? □

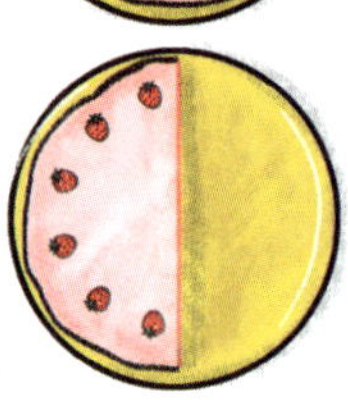

Die halbe Torte hat sie schon verteilt.
Wie viele Stücke waren das? □
Wie viele bleiben übrig? □

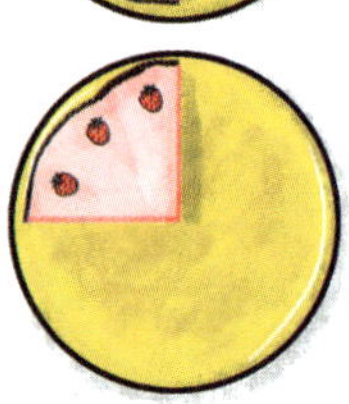

Nun hat sie drei Viertel der Torte verteilt.
Wie viele Stücke waren das? □
Wie viele bleiben übrig? □

2. Die Königin hat eine Torte gebacken. Rechne.

Der Frosch übt den 10er-Sprung

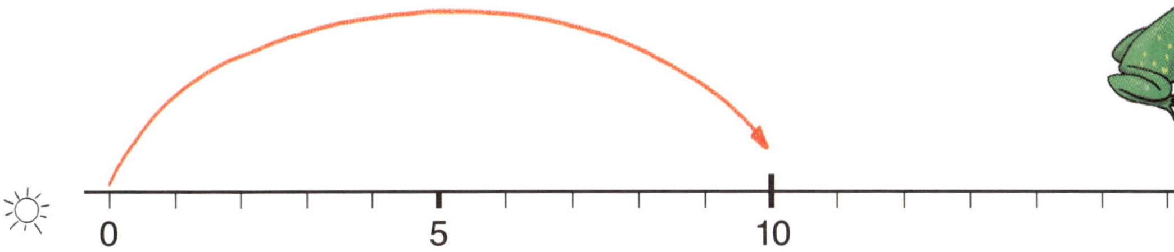

0 + 10 = ☐

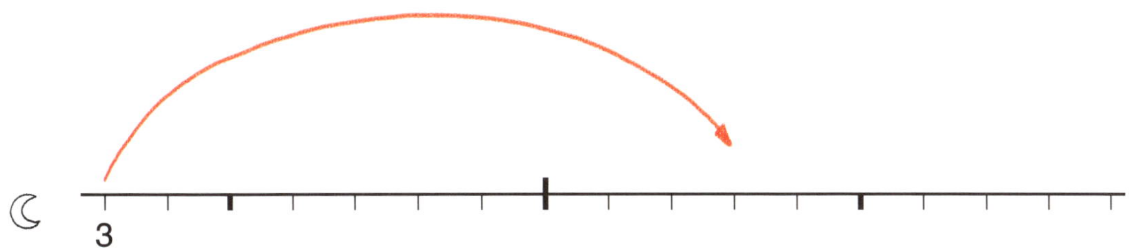

3 + 10 = ☐

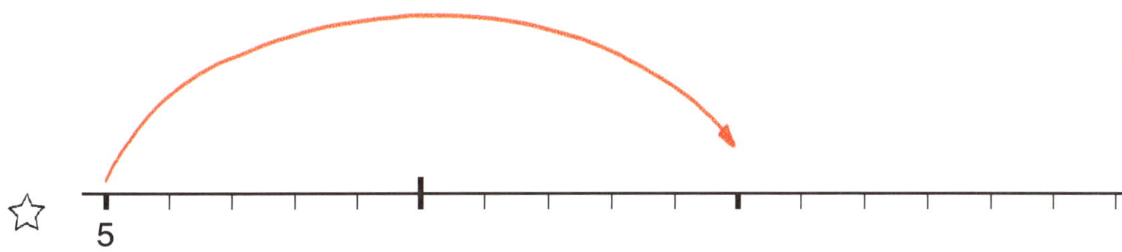

5 + 10 = ☐

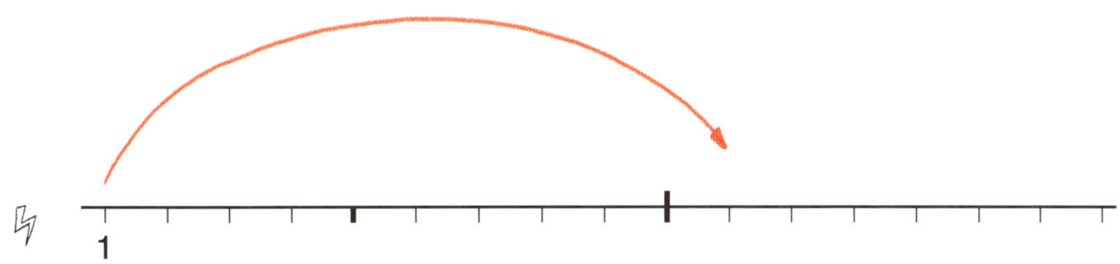

1 + 10 = ☐

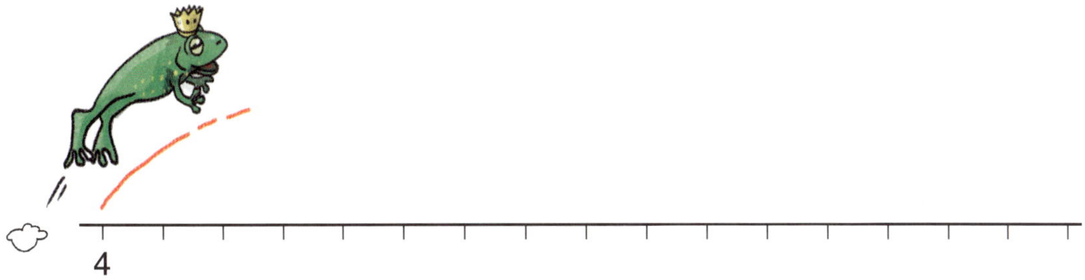

4 + 10 = ☐

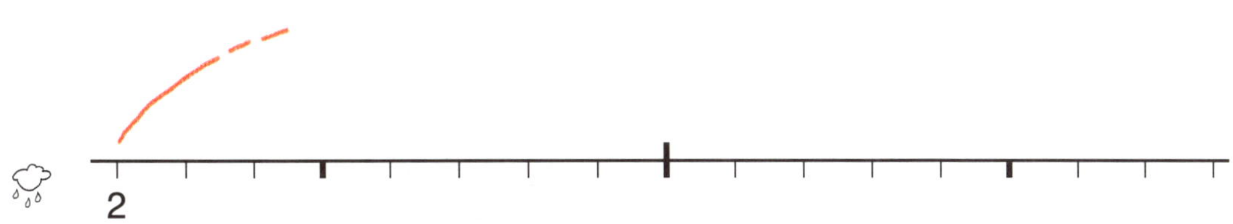

2 + 10 = ☐

1. Trage die Zahlen auf dem Zahlenstrich ein.
2. Rechne das Sprungziel aus.

Der Frosch übt den 9er-Sprung

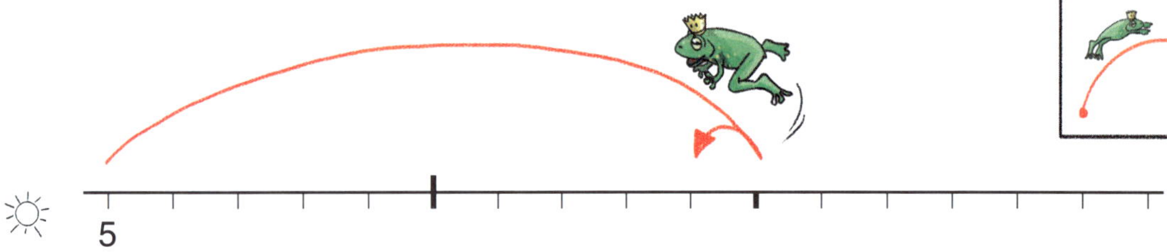

5 + 10 – 1 = ☐

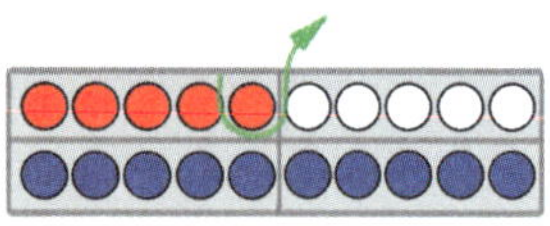

2 + 10 – 1 = ☐

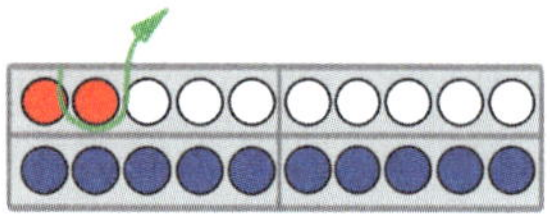

4 + 10 – 1 = ☐

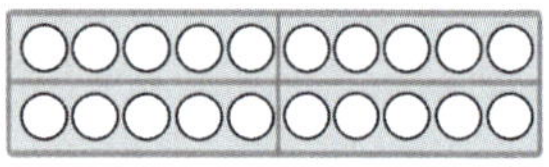

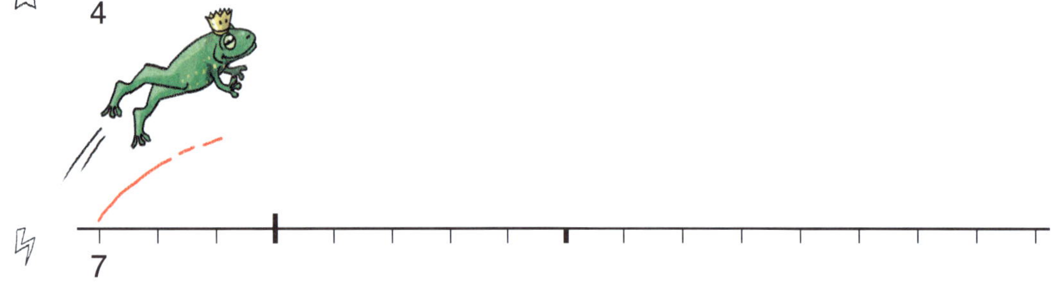

7 + 10 – 1 = ☐

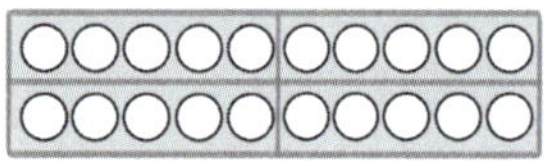

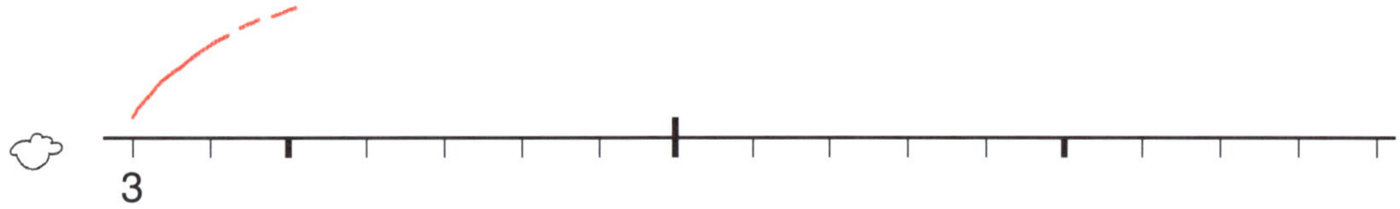

3 + 10 – 1 = ☐

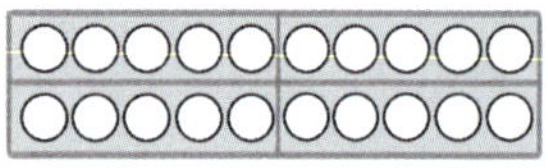

8 + 10 – 1 = ☐

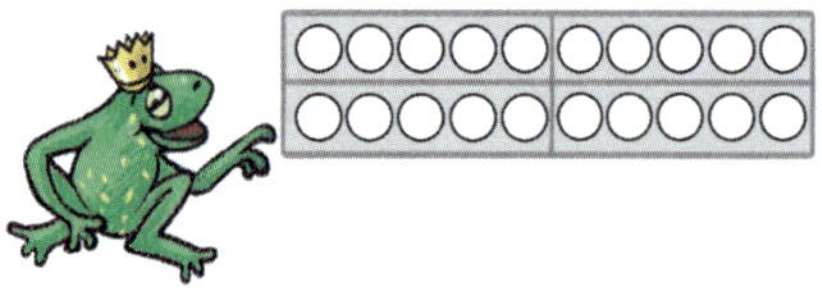

1. Wo landet der Frosch mit seinem „10 vor und 1 zurück Trick“?
2. Male die Startpunktzahl rot und die Sprungpunkte blau in das 20er-Feld.

Märchenwald

Die Wegkarten führen durch den Märchenwald:

☼	Simon 1 → 2 ↑ 4 ← 2 ↓	Lisa 2 ← 2 ↑ 5 → 2 ↓	Ulla 1 ← 3 ↑ 3 → 1 ↓
☾	Serkan 2 ← 3 ↑ 6 → 2 ↓	Laura 4 → 2 ↑ 4 ← 1 ↓	Tom 2 → 1 ↑ 5 ← 2 ↑
☆	Irina 3 → 3 ↑ 4 ← 1 ↓	Fatos 2 ← 2 ↑ 2 → 1 ↑	Boris 3 ← 2 ↑ 6 → 1 ↑

Peter ____________, Simon ____________, Lisa ____________,

Ulla ____________, Serkan ____________, Laura ____________,

Tom ____________, Irina ____________, Fatos ____________ und

Boris ____________. Und was ist dein Lieblingsmärchen?

1. Welches Märchen ist das Lieblingsmärchen der Kinder?

So viele Münzen!

1. Wie viele gleiche Münzen brauchst du für einen 1 €-Turm? Baue und schreibe auf.

2. Wie viele Münzen hat Lisa?

3. Wie viel Geld hat sie? ____ ct

4. Lisa wechselt ihr Geld in 10 ct-Münzen.
Wie viele Münzen bekommt sie? Kreise ein und schreibe auf.

5. Wie viele Münzen hat Fatos?

6. Wie viel Geld hat er? ____ ct

7. Fatos wechselt sein Geld in 10 ct-Münzen. Wie viele gleiche Münzen bekommt er? Kreise ein und schreibe auf.

So viele Münzen!

1. Wie viele Münzen hat Peter?

2. Wie viel Geld hat er? ct

3. Peter wechselt sein Geld in 10 ct-Münzen. Wie viele gleiche Münzen bekommt er? Kreise ein und schreibe auf.

4. Wie viele Münzen hat Irina?

5. Wie viel Geld hat sie? ct

6. Irina wechselt ihr Geld. Wie viele gleiche Münzen bekommt sie? Kreise ein und schreibe auf.

Zeigt eure Geldbeutel!

 ☐ ☐ 

______ ct ______ ct

 ☐ ☐ 

______ ct ______ ct

1. Wie viel Geld haben die Kinder? Rechne geschickt und schreibe auf.
2. Wer hat mehr Geld? Kreuze an.

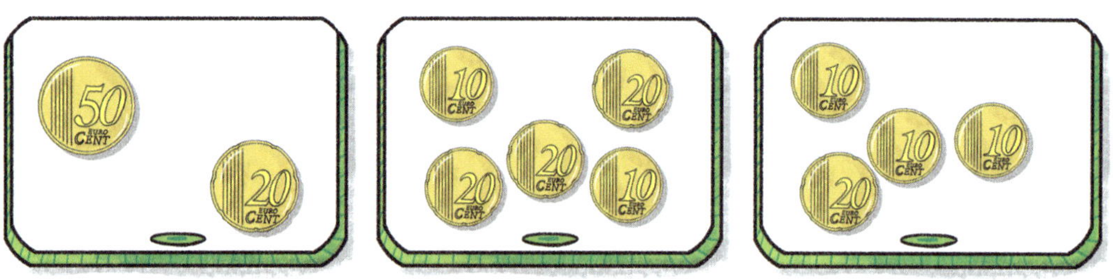

3. Immer 1 Euro. Male dazu, was fehlt.

4. Immer 1 Euro. Streiche durch, was zu viel ist.

Ein Euro sind 100 Cent!

2	

1. Immer 1 Euro. Wie viele Münzen brauchst du? Lege, male und trage ein.

2. Immer 1 Euro. Löse die Rätsel. Lege und male dann.

Unsere Geldscheine

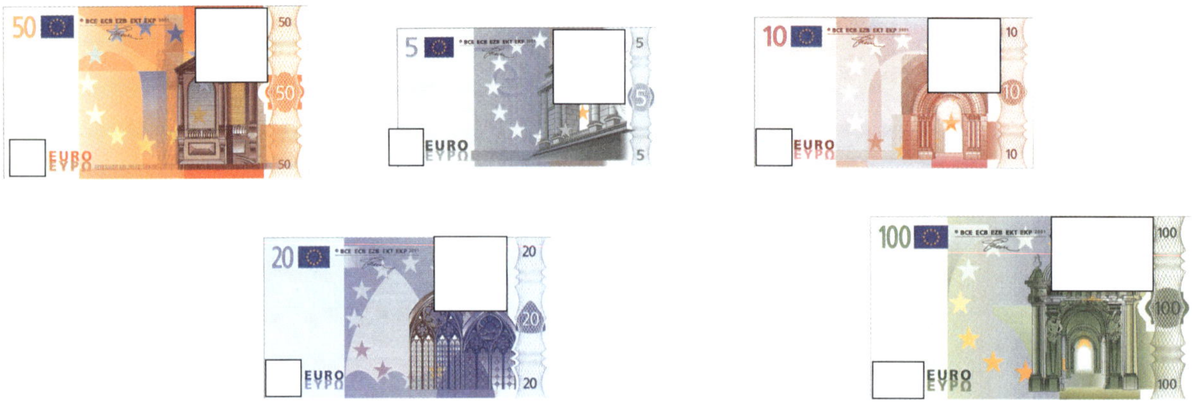

1. Schreibe den Wert der Geldscheine in die Kästchen.

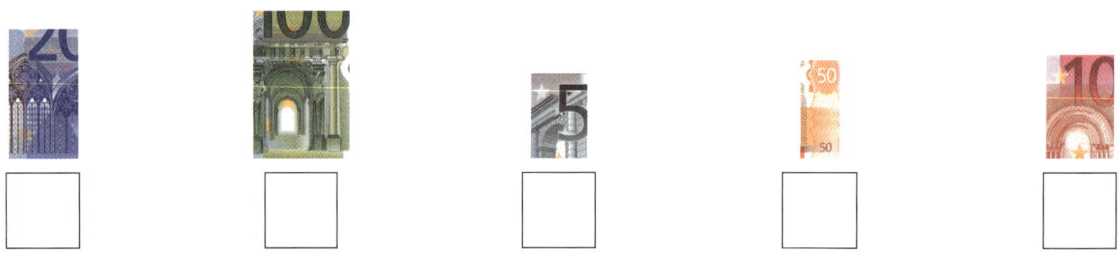

2. Ordne die Geldscheine.

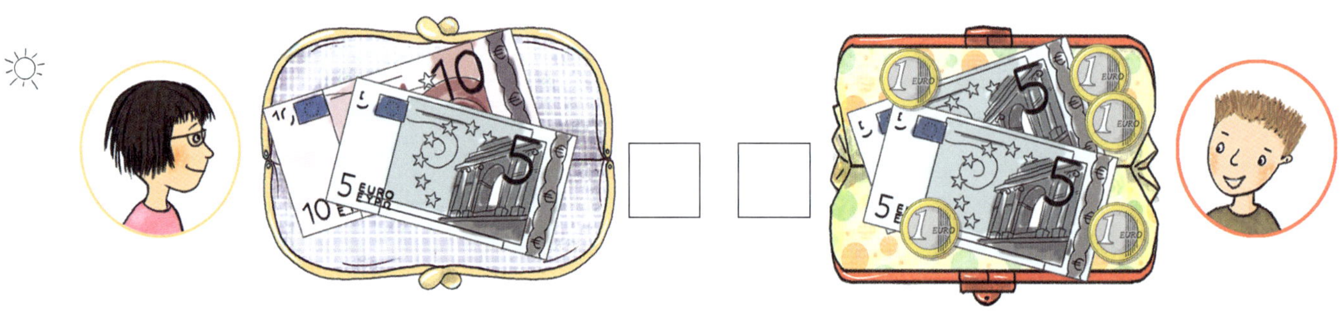

_______ € _______ €

_______ € _______ €

3. Wie viel Geld haben die Kinder?

4. Wer hat mehr Geld? Kreuze an.

Ich möchte etwas kaufen

1. Was müssen die Kinder bezahlen? Schreibe die Rechnung auf.

€ + € = ____ €

\+ + =

2. Die Kinder überlegen, ob ihr Geld reicht. Wie viel Geld haben sie? Rechne geschickt.
3. Kreise den Geldbeutel ein, wenn das Geld reicht.

Wie viel Geld bleibt übrig?

		3	€	+		2	€	=	___		€	
		10	€	−	___		€	=	___		€	

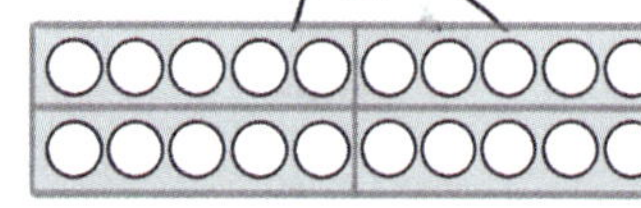

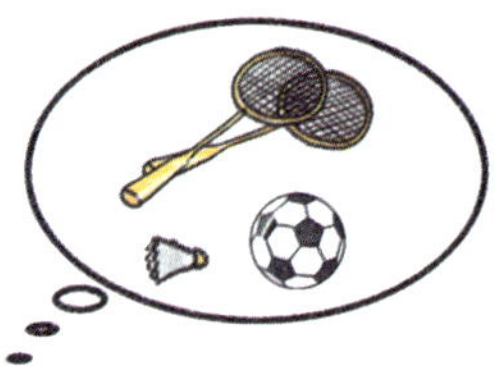

	___			+	___			+	___			=	___			
					___			−	___			=	___			

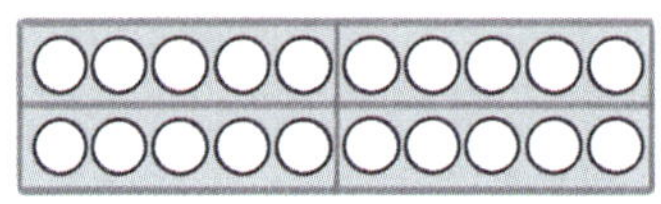

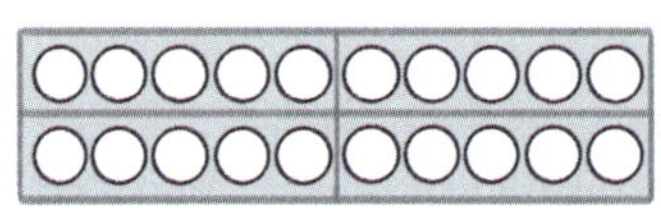

1. Du hast immer 10 €. Rechne wie Peter. Nimm das Zwanzigerfeld zur Hilfe.

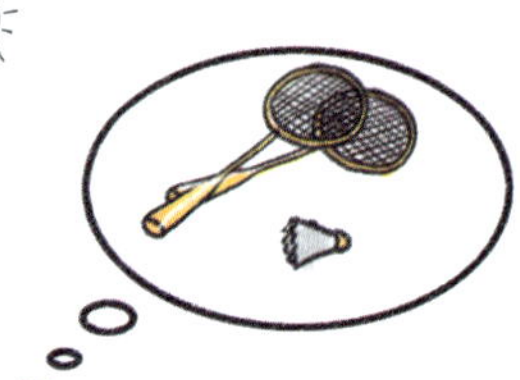

		10	€	−	___		€	=	___		€	
	___		€	−	___		€	−	___		€	

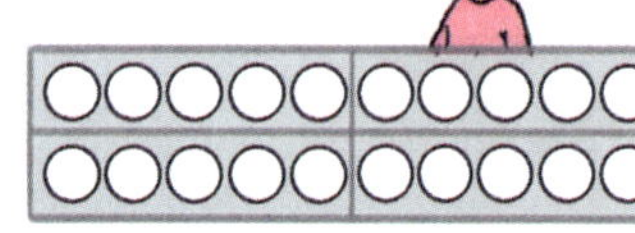

	___			−	___			=	___			
	___			−	___			=	___			

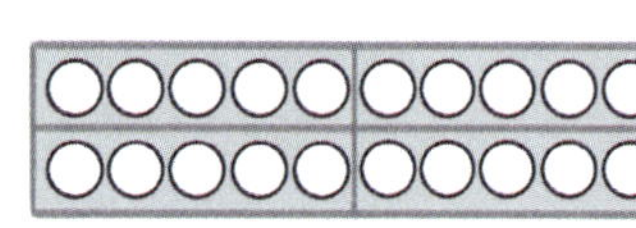

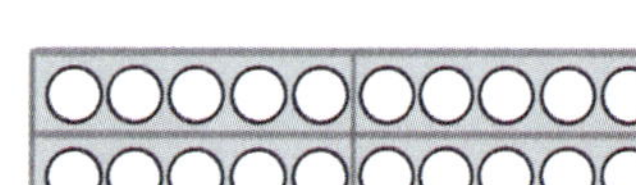

2. Du hast immer 10 €. Rechne wie Ulla. Nimm das Zwanzigerfeld zur Hilfe.

Wie viel Geld bleibt übrig?

☼

10 € – ____ € – ____ € = ____ €

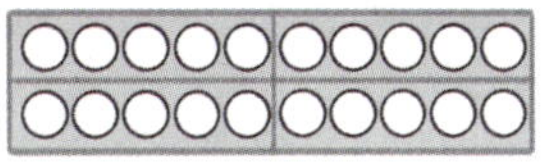

☾

____ – ____ – ____ = ____

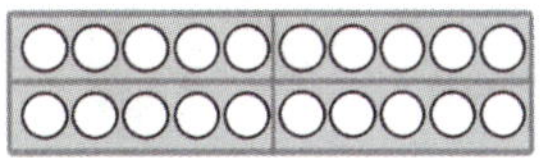

☆

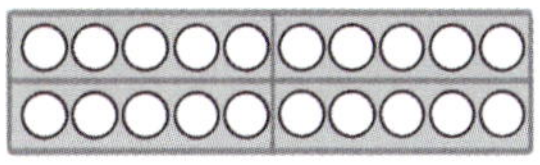

1. Du hast immer 10 €. Rechne wie Laura. Nimm das Zwanzigerfeld zur Hilfe.

☼

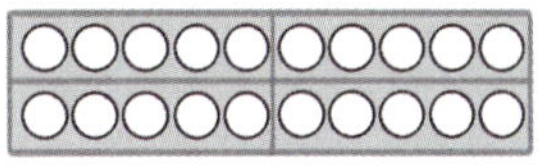

☾

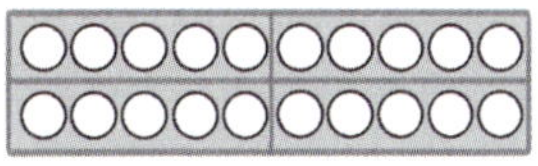

☆

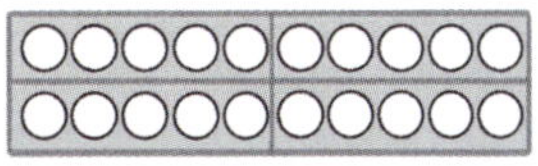

2. Du hast immer 20 €. Rechne so, wie es für dich am einfachsten ist.

Du bekommst noch Geld zurück!

2 € Preis	gegeben	Kasse Rückgeld

1. Wie viel Rückgeld bekommen die Leute?
   Rechne so wie Lisa und fülle die Tabelle aus.

Du bekommst noch Geld zurück!

2 € Preis	gegeben	Kasse Rückgeld

1. Wie viel Rückgeld bekommen die Leute?
   Rechne so wie Laura und fülle die Tabelle aus.

2 € Preis	gegeben	Kasse Rückgeld

2. Wie viel Rückgeld bekommen die Leute?
   Rechne so wie Boris und fülle die Tabelle aus.

Du bekommst noch Geld zurück!

2 € Preis	gegeben	Kasse Rückgeld

1. Wie viel Rückgeld bekommen die Leute? Rechne so, wie es für dich am einfachsten ist und fülle die Tabelle aus.

2. Was sollen diese Dinge kosten? Verbinde.

Plus und Minus

___ + ___ = ___

___ − ___ = ___

1. Plus und Minus. Findest du beide Aufgaben?

5 + 4 =	8 + 4 =	15 − 6 =
6 + 3 =	5 + 7 =	17 − 8 =

2. Schreibe die Umkehraufgabe dazu.

Rätsel-Wege

1. Zeichne mit einem roten Stift einen Weg von der Schule zum Bäcker ein.
2. Zeichne mit einem grünen Stift einen Weg von der Schule zur Eisdiele ein.
3. Laufe mit der Figur: Gehe von der Schule nach rechts, wieder rechts, links und geradeaus zum nächsten Haus. Wo bist du?
4. Wer muss weiter zur Schule laufen, Ulla oder Serkan?
5. Zeichne einen kurzen Weg und einen langen Weg von Ulla zum Dönerladen ein.
6. Finde eigene Wegerätsel.

Jeder muss trinken

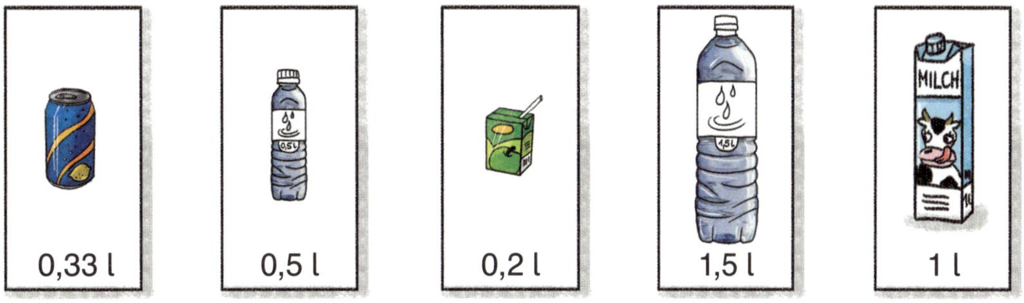

1. Sortiere. Wo ist am meisten drin?

2. Wer trinkt mehr? Kreuze an.

Jeder muss trinken

10 Liter

=

2 Liter

=

6 Liter | 6 Liter

=

6 Liter | 4 Liter | 4 Liter

=

1. Wie viele 1 Liter-Packungen kann man füllen? Male sie.

Jeder muss trinken

___ l + ___ l = ___ l

___ l + ___ l = ___ l

___ l + ___ l = ___ l

___ l + ___ l = ___ l

___ l + ___ l + ___ l = ___ l

___ l + ___ l + ___ l = ___ l

1. Wie viele Liter trinken die Tiere zusammen? Schreibe Plusaufgaben.

So schwer?

50 kg | 250 kg | 10 kg | 4 kg

1. Wer wiegt wie viel? Verbinde.

5 kg

kg

kg

2. Male so viele Zuckerpackungen,  wie die Tiere schwer sind.

So schwer!

___ kg + ___ kg = ___ kg

___ kg + ___ kg = ___ kg

___ kg + ___ kg + ___ kg = ___ kg

___ kg ___ kg + ___ kg = ___ kg

1. Wie viel wiegen die Tiere zusammen? Schreibe eine Rechnung.

5 kg | 4 kg

☐

10 kg

☐

50 kg

☐

10 kg | 10 kg | 10 kg | 10 kg

☐

2. Wer ist schwerer? Kreuze an.

So viele Beine

2	+	2	+		+		+		+		=												

Ich sehe ____ mal __2__ Beine.

Ich sehe ____ mal ____ Beine.

	+		+		=																		

Ich sehe ____ mal ____ Beine.

	+		=																				

Ich sehe ____ mal ____ Beine.

	+		+		+		+		=														

Ich sehe ____ mal ____ Beine.

1. Wie viele Beine siehst du? Schreibe Plusaufgaben.

So viele Beine

4	+																						

Ich sehe ____ mal __4__ Beine.

Ich sehe ____ mal ____ Beine.

Ich sehe ____ mal ____ Beine.

Ich sehe ____ mal ____ Beine.

Ich sehe ____ mal ____ Beine.

1. Wie viele Beine siehst du? Schreibe Plusaufgaben.

So viele Beine

Ich sehe ____ mal __6__ Beine.

Ich sehe ____ mal ____ Beine.

Ich sehe ____ mal ____ Beine.

Ich sehe ____ mal ____ Beine.

Ich sehe ____ mal ____ Beine.

1. Wie viele Beine siehst du? Schreibe Plusaufgaben.

So viele Beine

Ich sehe ____ mal _8_ Beine.

Ich sehe ____ mal ____ Beine.

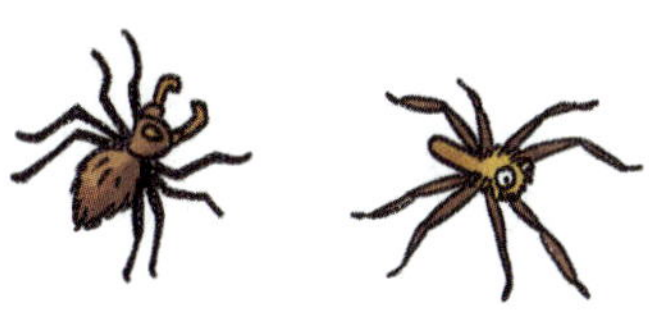

Ich sehe ____ mal ____ Beine.

Ich sehe ____ mal ____ Beine.

Ich sehe ____ mal ____ Beine.

1. Wie viele Beine siehst du? Schreibe Plusaufgaben.

Springtunier

1. Wie viele Sprünge hat jeder? Trage ein.

2. Wer ist 1., 2., 3.?

Mehr oder weniger

1. Wie viele Sprünge hat Fatos? Wie viele Sprünge hat Lisa? Schreibe Aufgaben.

2. Wie viele Sprünge hat Tom? Wie viele Sprünge hat Irina? Schreibe Aufgaben.

3. Wie viele Sprünge hat Boris? Wie viele Sprünge hat Peter? Schreibe Aufgaben.

Immer 10

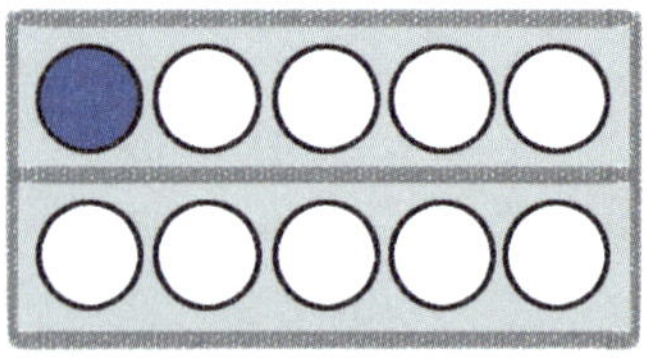

1 + ______ = 10

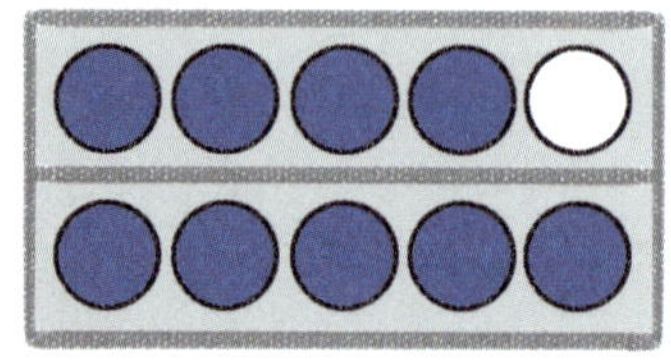

9 + ______ = 10

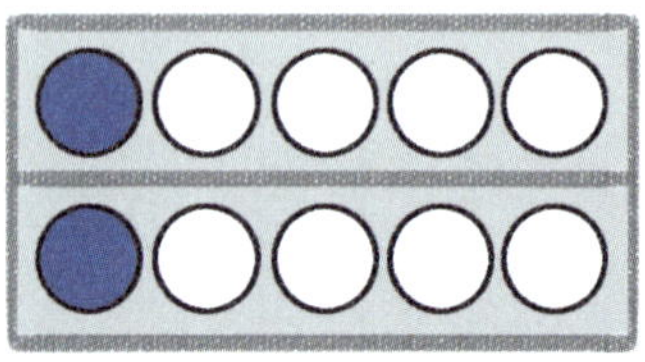

2 + ______ = 10

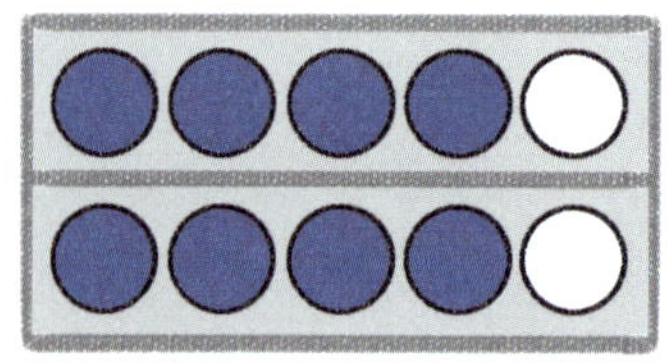

8 + ______ = 10

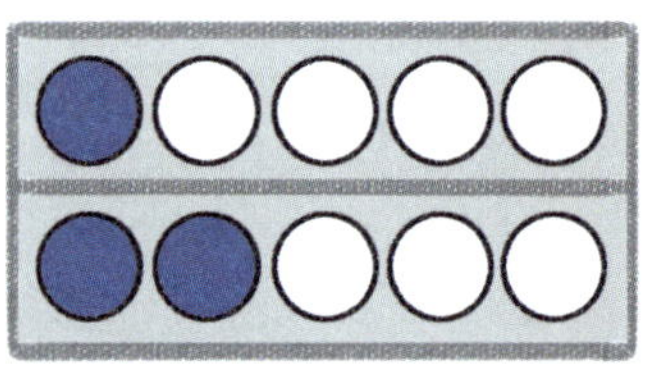

3 + ______ = 10

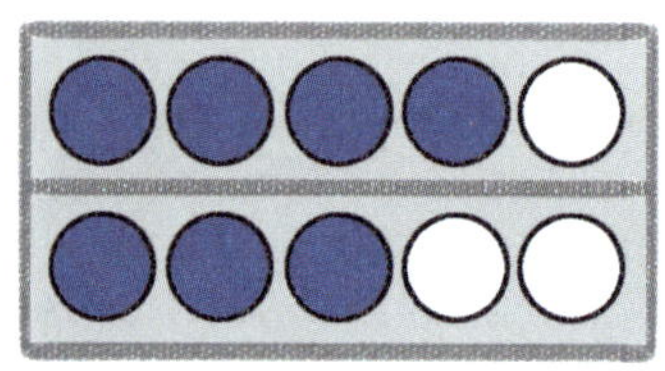

7 + ______ = 10

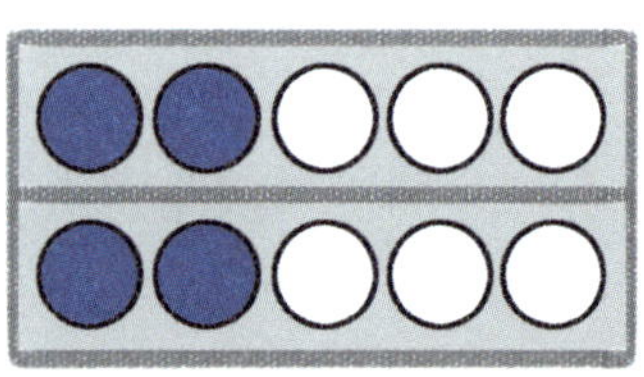

4 + ______ = 10

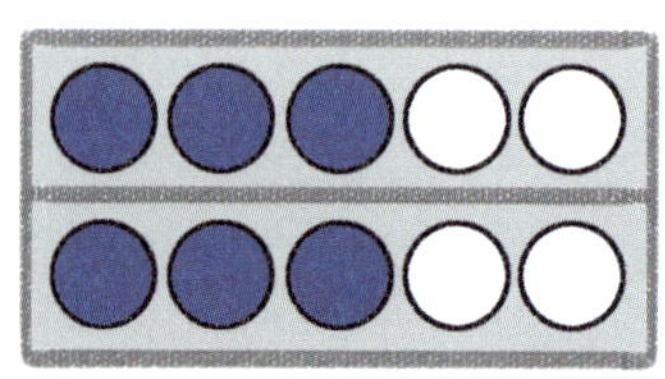

4 + ______ = 10

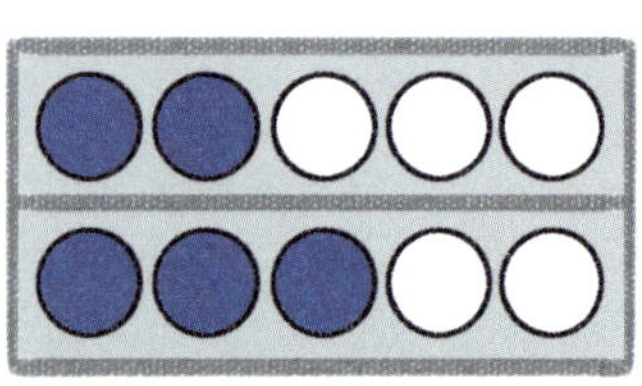

5 + ______ = 10

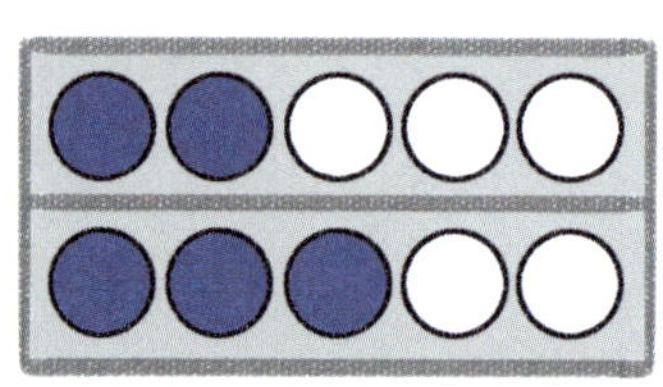

5 + ______ = 10

1. Wie viele fehlen bis zur 10? Male an und trage ein.

Immer 20

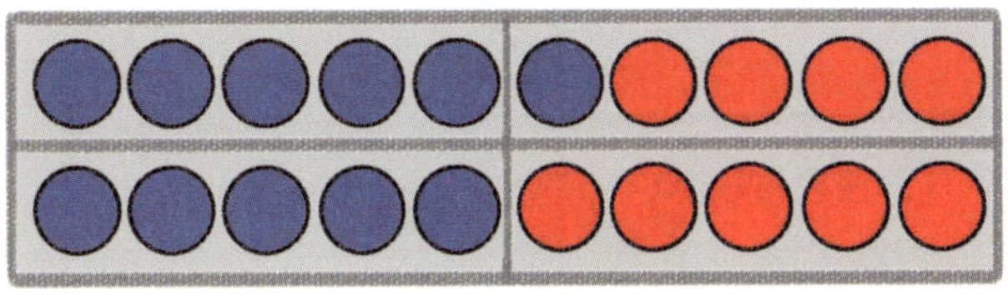

20 – _____ = 9

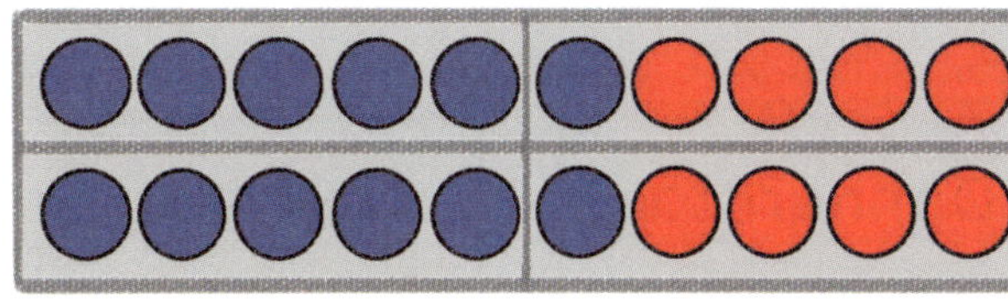

20 – 12 = _____

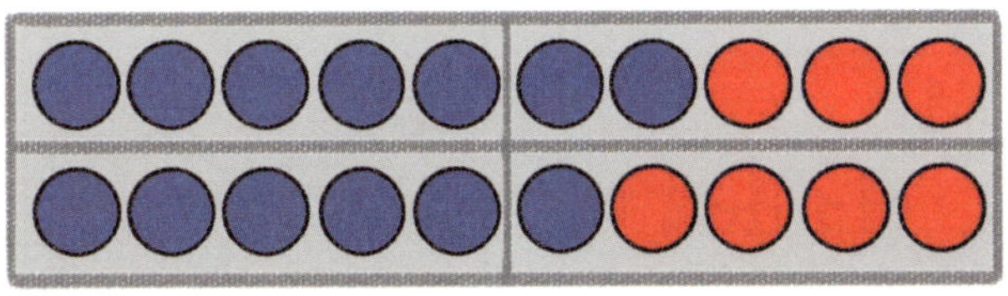

20 – _____ = 7

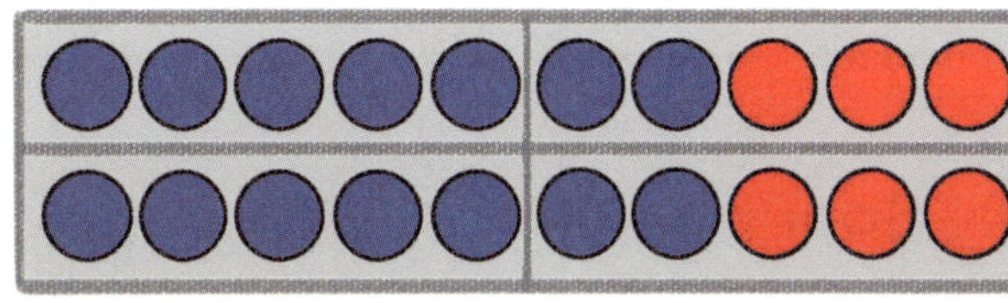

20 – 14 = _____

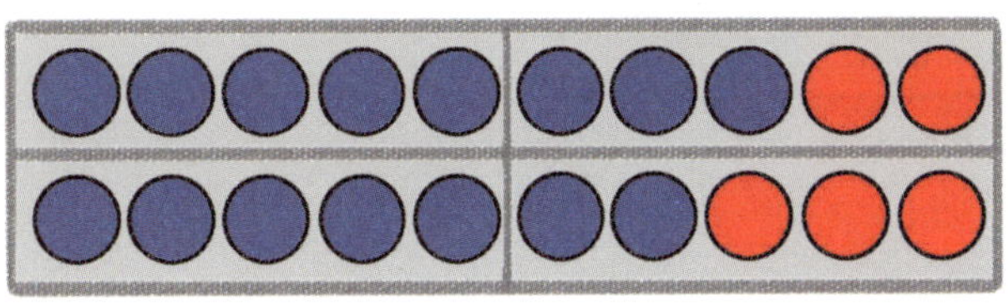

5 + _____ = 20

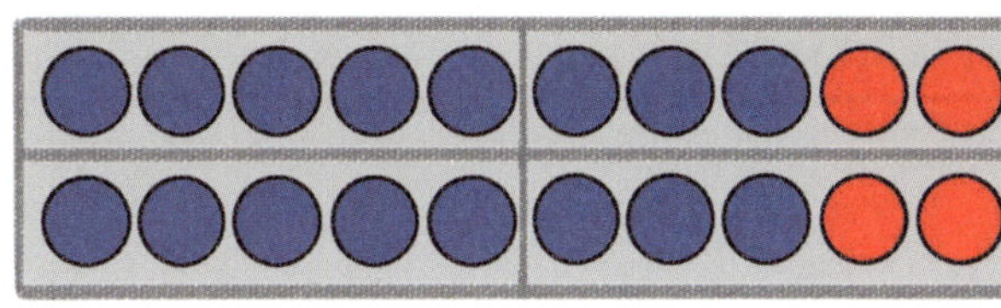

_____ 4 + = 20

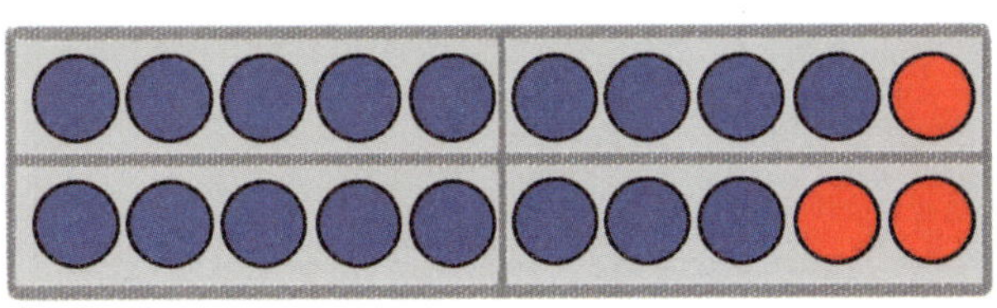

_____ + _____ = _____

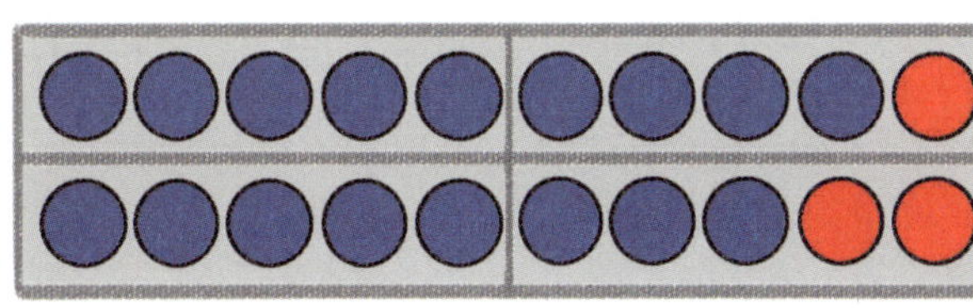

_____ – _____ = _____

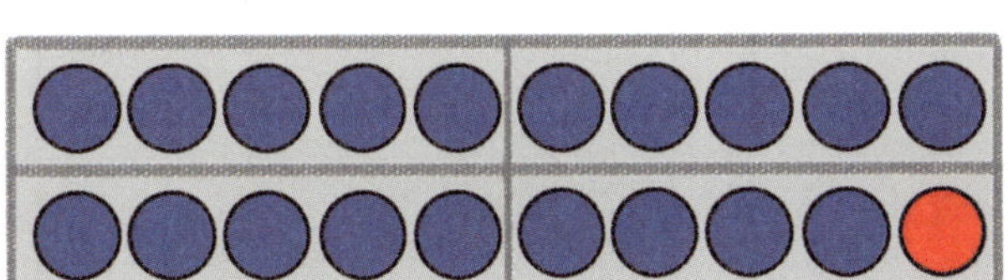

20 – 19 = _____

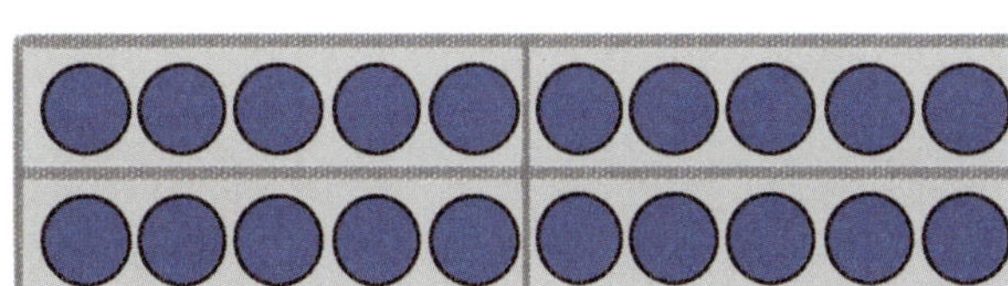

20 – _____ = 20

1. Rechne aus.

Wann ist was?

1. Ordne die Ereignisse. Nummeriere.

Geburtstagskalender der Klasse 2a

1. Sortiere die Geburtsdaten. Nummeriere.

Sahra ☐ Athina ☐ Fehmi ☐ Katrin ☐

2. Wer hat als erster Geburtstag? Kreuze an.

Tarik ☐ Milan ☐ Niko ☐ Anja ☐

3. Wer hat als letzter Geburtstag? Kreuze an.

4. Wann hast du Geburtstag?
   Wer hat vor dir Geburtstag?
   Wer hat nach dir Geburtstag?

Was war gestern – was ist morgen?

gestern

heute

morgen

gestern

heute

morgen

gestern

heute

morgen

1. Trage das fehlende Datum ein.

Gestern – heute – morgen

vorgestern	gestern	heute	morgen	übermorgen
		7. Februar		
14. März			17. März	
	3. Juni			
	13. Juli			16. Juli
		8. September		
23. November				
			6. Dezember	

vorgestern	heute	übermorgen	überübermorgen
	12. Januar		
7. Februar			
	10. April		
		21. Mai	
	16. November		16. November
28. Dezember			

1. Fülle die Tabellen aus.

Halbe-Halbe

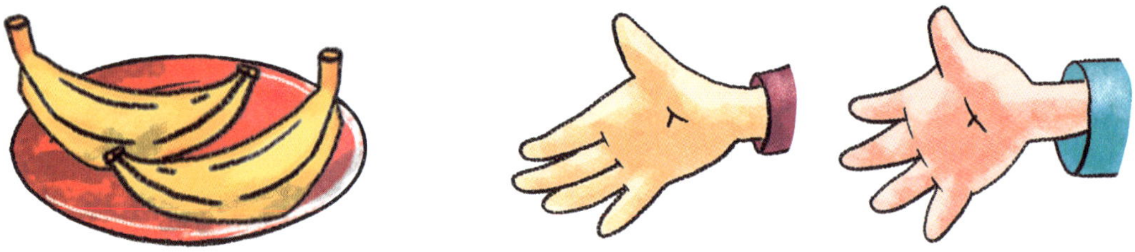

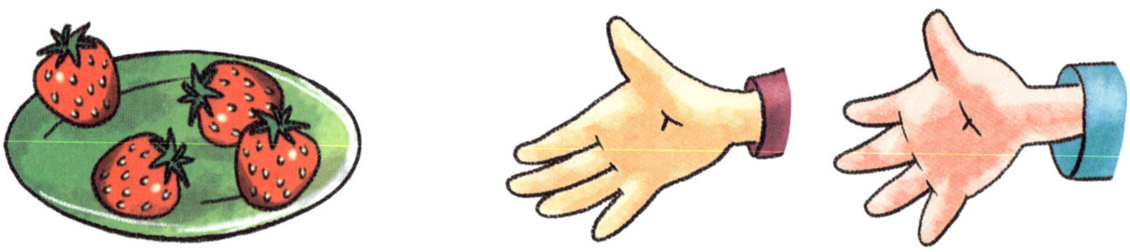

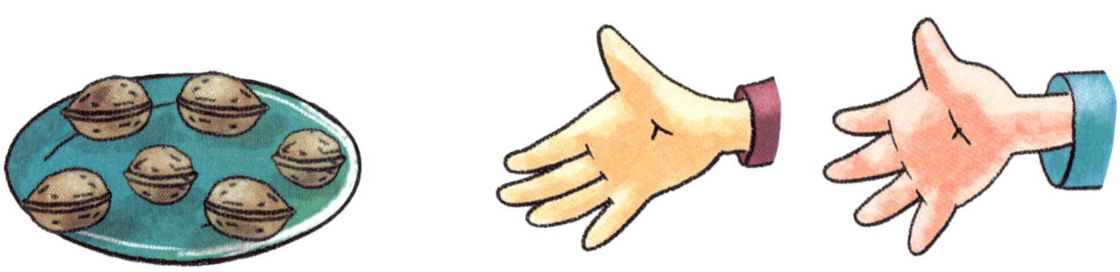

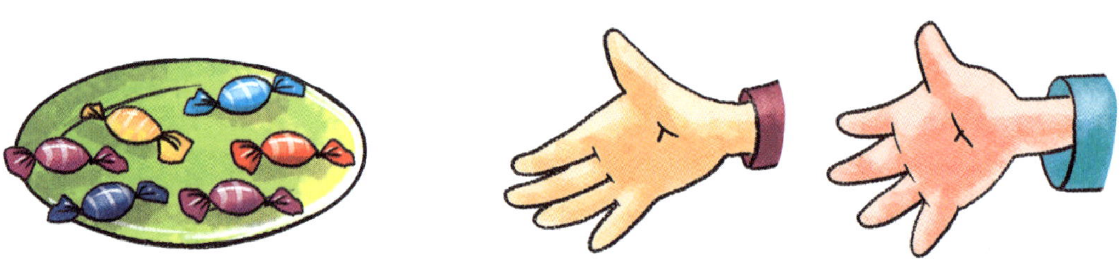

1. Kannst du Halbe-Halbe machen? Wie viele bekommt jeder? Trage ein.

Halbe-Halbe

1. Kannst du Halbe-Halbe machen? Wie viele bekommt jeder? Trage ein.

Zahl	2	4	6	8	10	12	14	16	18	20
Hälfte	1	2								

Zahl	2	4								
Hälfte	1	2	3	4	5	6	7	8	9	10

2. Vervollständige die Tabelle.

Verteilen – aber gerecht!

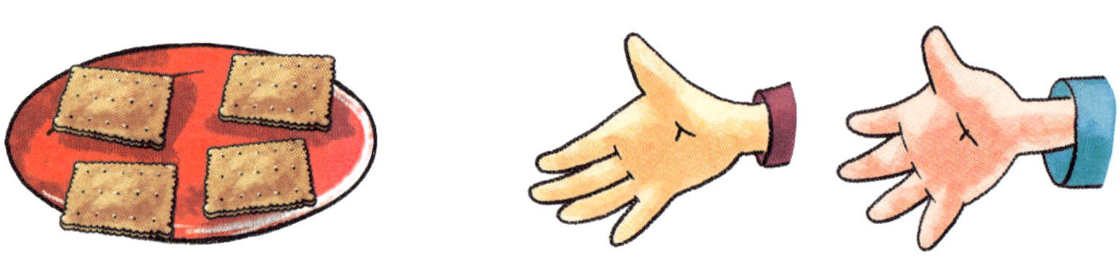

1. Wie viele bekommt jeder? Trage ein.

Verteilen – aber gerecht!

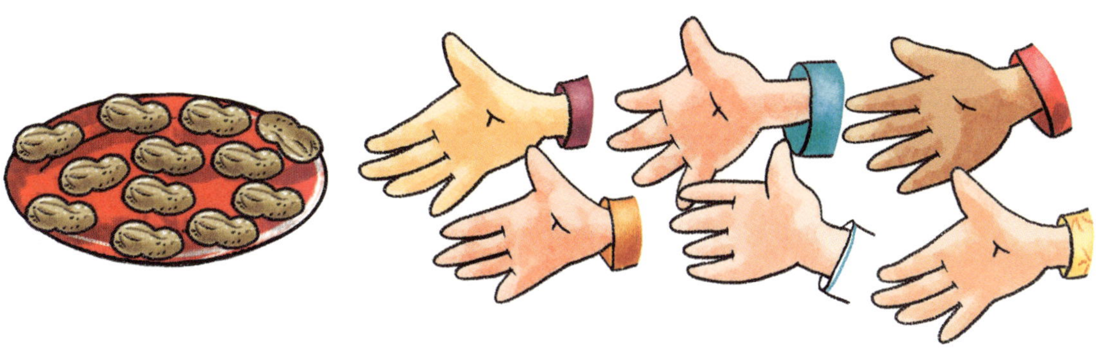

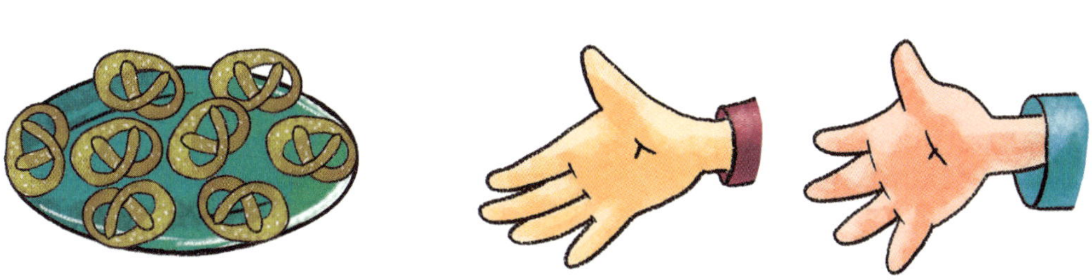

1. Wie viele bekommt jeder? Trage ein.

Notizen